全国高等院校十二五规划数字媒体设计应用系列教材

Illustrator
绘图 实例教程

夏少琼　李列锋 ◎ 编著

暨南大学出版社
JINAN UNIVERSITY PRESS

中国·广州

图书在版编目（CIP）数据

Illustrator 绘图实例教程/夏少琼，李列锋编著 . —广州：暨南大学出版社，2013. 1（2020. 4 重印）

ISBN 978 - 7 - 5668 - 0414 - 3

Ⅰ. ①I⋯　Ⅱ. ①夏⋯②李⋯　Ⅲ. ①图形软件—教材　Ⅳ. ①TP391. 41

中国版本图书馆 CIP 数据核字（2012）第 277536 号

Illustrator 绘图实例教程
Illustrator HUITU SHILI JIAOCHENG
编著者：夏少琼　李列锋

出 版 人：张晋升
责任编辑：古碧卡　秦　妙
责任校对：黄　颖
责任印制：汤慧君　周一丹

出版发行：暨南大学出版社（510630）
电　　话：总编室（8620）85221601
　　　　　营销部（8620）85225284　85228291　85228292（邮购）
传　　真：（8620）85221583（办公室）　85223774（营销部）
网　　址：http://www.jnupress.com
排　　版：广州市铧建商务服务有限公司
印　　刷：广州市快美印务有限公司
开　　本：787mm×960mm　1/16
印　　张：11
字　　数：255 千
版　　次：2013 年 1 月第 1 版
印　　次：2020 年 4 月第 4 次
定　　价：49. 80 元

前　言

Illustrator 是 Adobe 公司生产的矢量图形软件，它以矢量图形编辑强大、操作便捷、效果明显等优势深受设计师和爱好者的喜欢。

本书以矢量绘图所需要的技能和广告平面设计所需要的实战技巧为宗旨进行编写。全书共分 12 章，通过大量的实用案例将软件知识和实际应用融会贯通。它内容丰富，包括图形绘制、对象编辑、路径、画笔、图案、渐变、网格、混合、封套、文字、图表、蒙版、滤镜、外观、符号、样式等基础知识和应用实例，有针对性地带领读者在全面掌握软件的基础上提高 Illustrator 的应用层次。

本书适用于设计印刷图形、多媒体和在线图形的行业标准程序，无论您是为印刷制版制作图稿的设计师或技术插图制作人员、制作多媒体的图形美工，还是网页制作人员，它都为您提供了制作专业级作品所需的工具。本书适合初、中级学习者使用。

本书第 1、2、3、6、9、12 章由夏少琼编写，第 4、5、7、8、10、11 章由李列锋编写。

为了配合不同水平读者的需要，本书力求能够最大程度地适合自学，每章节的案例所需的素材图片可到 FTP 下载。书中所涉及的图片仅供案例分析，著作权归原创者所有，特此声明。

最后感谢暨南大学出版社古碧卡编辑给予本书出版的大力支持，感谢前期参与部分章节整理的田野同学，感谢一直关心本书出版并提出宝贵意见的陈洪毅设计师。由于时间仓促，书中难免有缺点和疏漏之处，我们期待广大读者在使用本书过程中提出宝贵意见，使它不断改进和完善。编者邮箱：331624606@ qq. com。

编　者

目　录

第一章　选择与路径

　　本章主要介绍 Illustrator 的选择工具、填色与描边、钢笔工具等的使用方法，通过对本章内容的学习及案例的实训，可以复习以前在 Photoshop 中学习的相关知识，思考两者的异同，进而运用这些知识随心所欲地绘制出精美的图形。

基础知识

1.1　选择工具组

　　选择工具🔺：选择整个对象。按住 Shift 键单击则可增加或减少选择对象，选择后的对象四周会出现边界框，可以对边界框进行移动、缩放、旋转或删除等操作。按住 Alt 键拖动对象可复制对象，如图 1 - 1 为选择整个对象。

　　直接选择工具🔺：选择某个锚点。按住 Shift 键可增加或减少选择锚点，如图 1 - 2 为选择最上面的锚点。

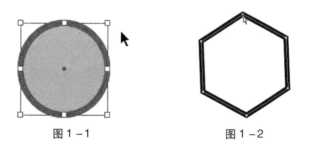

图 1 - 1　　　　　　　　　　　　　　图 1 - 2

　　群组选择工具🔺：选择群组中的某个对象。按住 Shift 键可增加或减少选择群组中的对象，如图 1 - 3 表示选择群组中的五角星图形。

图 1 - 3

1.2　填色与描边

填色与描边工具：上面是填充面按钮，下面是填边线按钮，左下角是默认黑白填充按钮，右上角是切换面和线色彩按钮，如图1-4是利用填色与描边按钮填充图形的过程。

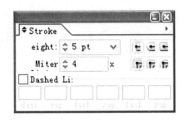

图1-4

1.3　钢笔工具

钢笔工具：钢笔工具是一个非常重要的工具。它可以绘制直线、曲线和任意形状的路径，可以对图形进行精确的绘制与编辑。按住 Shift 键点击可画出平行、垂直与45度角。点击拖拉出把手可画出曲线，如图1-5所示。

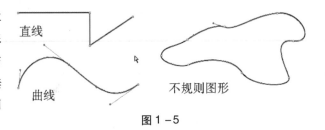

图1-5

案例实训

1.4　绘制 Logo

图1-6

步骤1：

在"文件"下拉菜单中"新建页面"并"置入"素材图Sorvagur.jpg，如图1-7和图1-8所示设置。

图1-7

步骤2：

选择工具箱中的钢笔工具，运用曲线的勾画方法将图形的外边框勾画成闭合线，如图1-9所示。

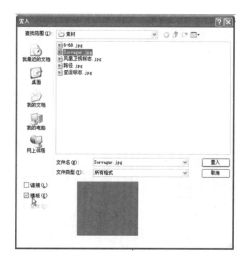

图1-8

步骤3：

选择直接选择工具 ，将画得不准确的地方修改好，如图1-10所示。

锚点

图1-9　　　　图1-10

步骤 4：

用步骤 3 的方法，将里面的两个闭合线分别勾画并调整好位置，如图 1－11 和图 1－12 所示。

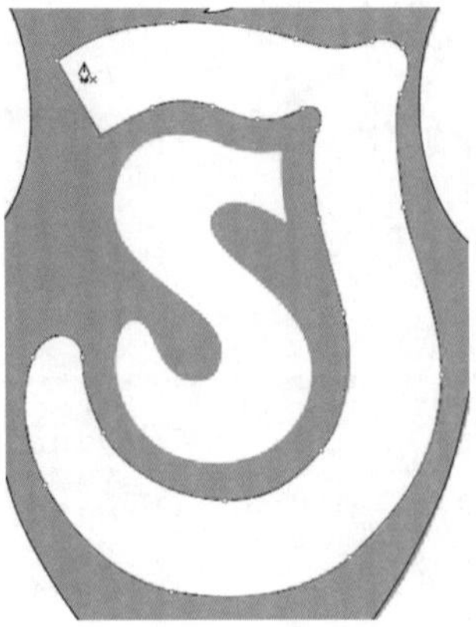

图 1－11

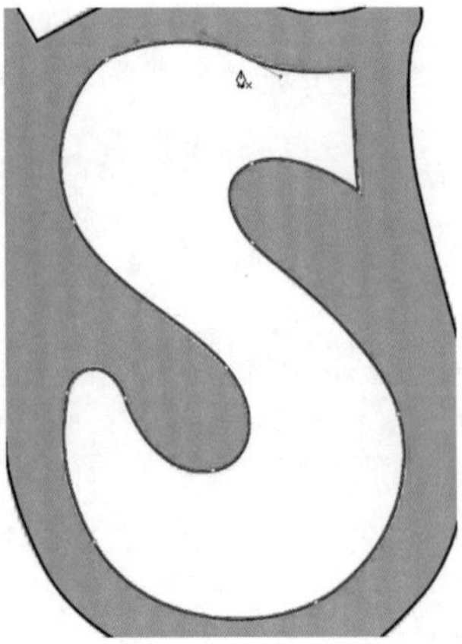

图 1－12

步骤 5：

选择工具箱中的选择工具 ，框选刚画好的这三条闭合路线，如图 1－13 所示。

步骤 6：

将工具箱下面的填充与描边按钮改为 ，填充色为 C = 100、M = 100，描边为透明，如图 1－14 所示。

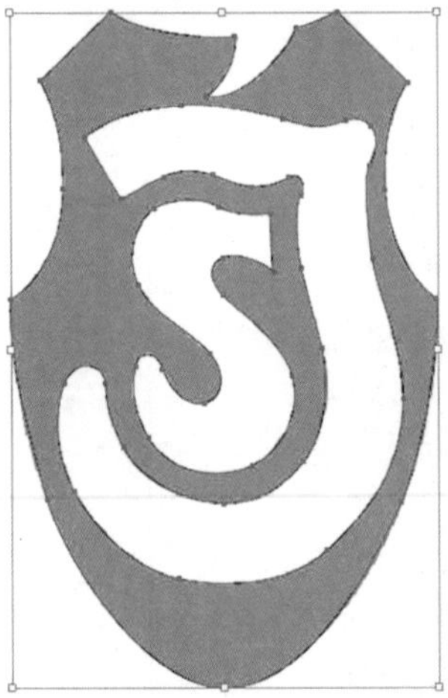

图 1－13

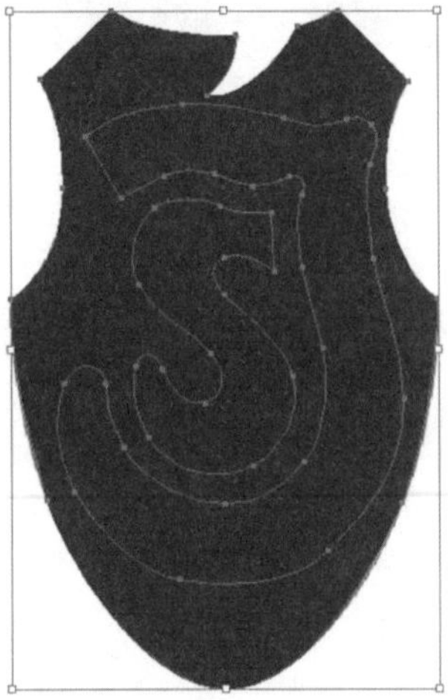

图 1－14

步骤 7：

接着在窗口下拉菜单中将"路径查找器"显示出来，并点击差集按钮，如图 1－15（右）所示，最后完成效果如图 1－15（左）所示。

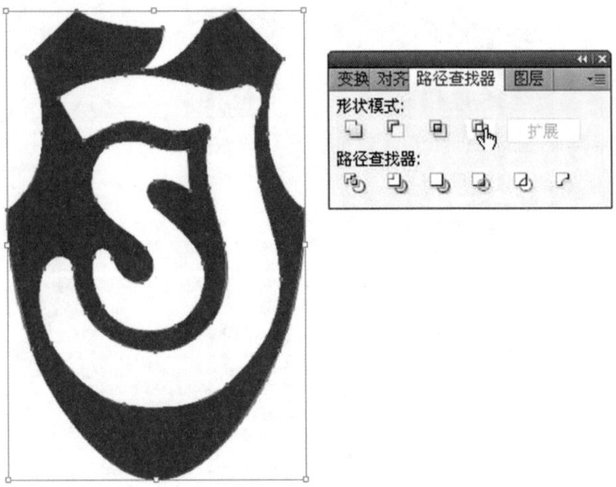

图 1－15

1.5 绘制红苹果

图 1-16

步骤 1：

在"文件"下拉菜单中
"新建页面"并"置入"素材图
appleline. jpg，并将它锁定，如
图 1-17 所示。

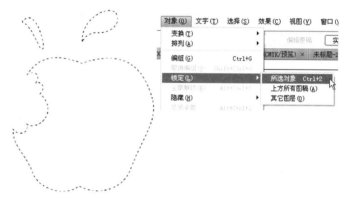

图 1-17

步骤 2：

用钢笔工具勾画苹果外边
框，如图 1-18 所示。接着再勾
画苹果茎部和叶子，如图 1-19
所示。

图 1-18

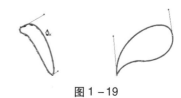

图 1-19

步骤 3：

用选择工具 将苹果外边框选住并填充如图 1 – 20 所示颜色。接着再将苹果茎部和叶子分别填充如图 1 – 21 和图 1 – 22 所示的颜色。

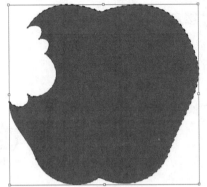

图 1 – 20

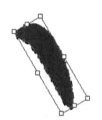
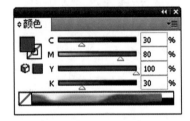

图 1 – 21

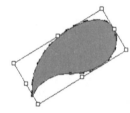
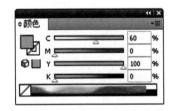

图 1 – 22

步骤 4：

用选择工具 框选全部并向右边移动，如图 1 – 23 所示。

图 1 – 23

步骤5：

用选择工具将苹果茎部和叶子分别放到相应位置，并选择"对象"菜单中的"排列"将其"置于底层"，如图1－24和图1－25所示。

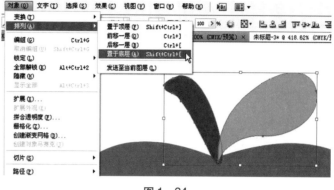

图1－24

图1－25

步骤6：

用钢笔工具勾画叶子中间的线条，如图1－26所示。

图1－26

步骤7：

用钢笔工具画一条3pt的黑线，如图1－27所示。

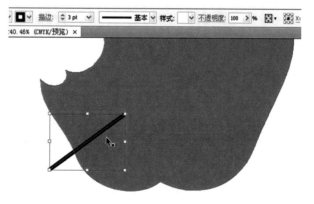

图1－27

步骤8：

接着选择"效果"菜单中的"风格化"里的"添加箭头"，如图1-28和图1-29所示。

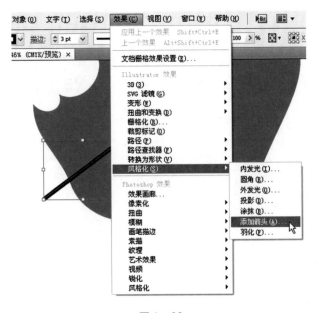

图1-28

步骤9：

再采用步骤7和步骤8的方法，画出如图1-30所示效果，并将箭头置于底层，如图1-31所示。

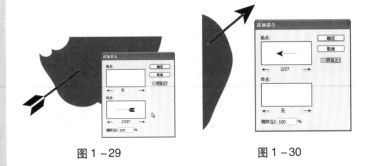

图1-29   图1-30

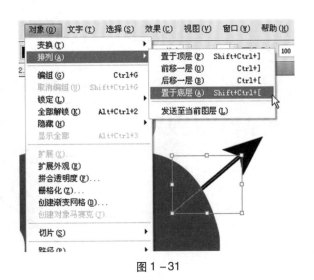

图1-31

步骤 10：

最后用钢笔工具勾画如图 1－32 所示弧线，最终完成效果如图 1－33 所示。

图 1－32　　　　　　　　　图 1－33

1.6　绘制美女

图 1－34

步骤 1：

在"文件"下拉菜单中打开文件名为"美女 Line. ai"的文件，如图 1－35所示。

图 1－35

步骤2：

用钢笔工具分别勾画出各个图形，如图1-36所示。

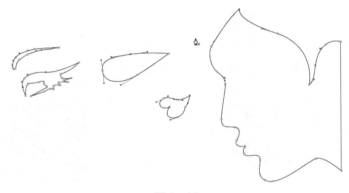

图1-36

步骤3：

用选择工具将各个图形拼合成如图1-37所示效果，并将它们分别填充色彩，如图1-38所示。

图1-37

图1-38

步骤4：

用椭圆工具 ◎ 绘制如图1－39所示图形并填充颜色。

步骤5：

用钢笔工具绘制如图1－40所示红线并在选项栏设置粗细为2pt。

步骤6：

用钢笔工具绘制左边图形并填充色彩，如图1－41所示。

步骤7：

用椭圆工具绘制圆形并填充颜色，如图1－42所示。

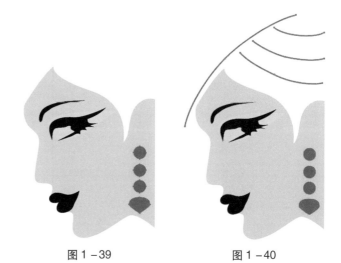

图1－39　　　　图1－40

图1－41

图1－42

步骤8:

用选择工具选择最上面的圆形，并在选项栏中设置不透明度为70%，如图1-43所示。

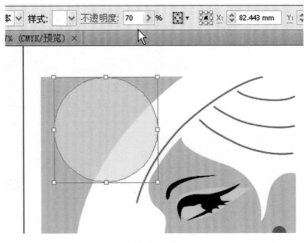

图1-43

步骤9:

选择下面两个圆形执行"路径查找器"中的"分割"命令，如图1-44所示。

步骤10:

用群组选择工具分别选择上下两个半圆，在选项栏中设置不透明度为70%，如图1-45和图1-46所示。

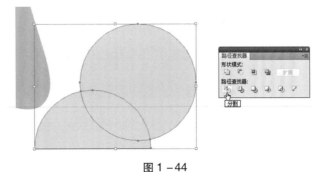

图1-44

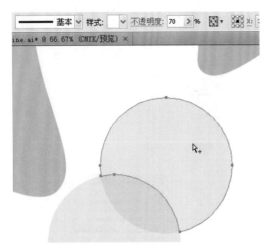

图1-45

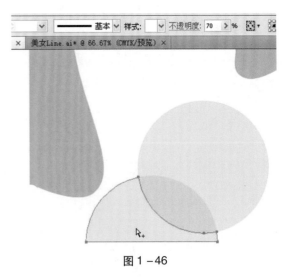

图1-46

步骤 11：

最后用矩形工具 ▢ 绘制线粗为 2pt 的黑边框，最终完成如图 1－47 所示效果。

图 1－47

第二章　图形绘制

本章主要介绍 Illustrator 中基本图形工具的使用方法，并结合路径查找器的功能特征更方便地绘制出精美的图形。通过对本章内容的学习，可以掌握 Illustrator 的绘图功能及其特点，为进一步学习 Illustrator 打好基础。

基础知识

2.1　基本图形绘制

基本图形工具包括矩形工具、圆角矩形工具、椭圆工具、多边形工具、星形工具，如图 2-1 所示。这些工具的使用方法类似，可在页面上拖拽鼠标绘制出各种形状，也可在页面空白处单击鼠标时出现的对话框中设置数值绘制图形，如图 2-2 所示。

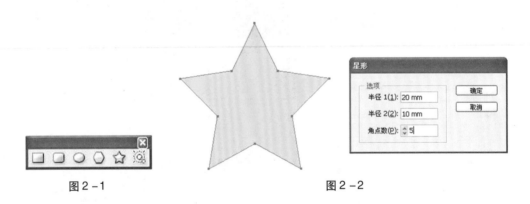

图 2-1　　　　　　　　　　　　　　　　　　图 2-2

2.2　路径查找器

路径查找器控制面板包括形状模式中 5 个按钮和路径查找器中 6 个按钮，分别是联合、减去（顶层）、交集、差集、扩展、分割、修边、合并、裁剪、轮廓、减去（后方对象），如图 2-3 所示。这些路径查找器按钮方便我们完成使用传统方法要花费大量时间才能完成的事情，其功能强大。图 2-4 即为利用星形工具和分割功能制作的效果。

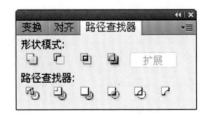

图 2-3

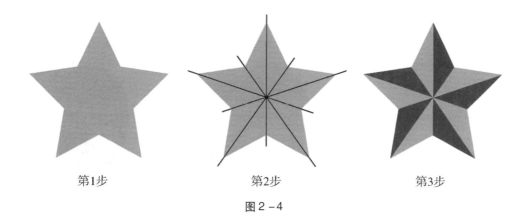

第1步   第2步   第3步

图 2-4

案例实训

2.3 绘制苹果标志

图 2-5

步骤 1：

打开第二章素材文件夹中名为"applelogo.jpg"的文件，并执行"对象"→"锁定"→"所选对象"操作，如图 2-6 所示。

图 2-6

步骤2：

用钢笔工具将外边框描绘出来，如图2-7所示。

步骤3：

用工具箱中的"\.直线段工具"并按住 Shift 键画一条水平直线，如图2-8所示。

步骤4：

用选择工具并按住"Shift + Alt"键向下复制一条平行线，如图2-9所示。

步骤5：

重复步骤4的动作并按"Ctrl + D"，连续按4次，出现如图2-10所示效果。

步骤6：

用选择工具框选全部直线并执行"路径查找器"的"分割"命令，如图2-11所示，便可得出如图2-12所示效果。

步骤7：

接着用"⬚编组选择工具"将各个边框填充上颜色，如图2-13所示。最终完成效果如图2-14所示。

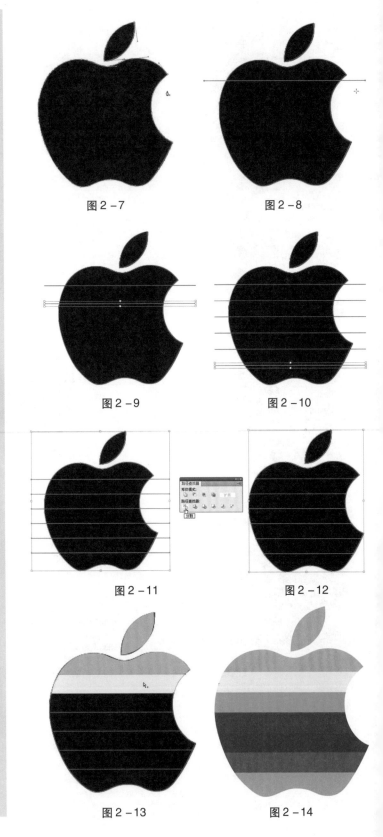

图2-7　　　　　　　　图2-8

图2-9　　　　　　　　图2-10

图2-11　　　　　　　　图2-12

图2-13　　　　　　　　图2-14

图 2 – 15

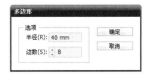

图 2 – 16

2.4 绘制水果图形

步骤 1：

选择工具箱中的"⬡多边形"工具，在页面区域单击鼠标，弹出"多边形"对话框，在对话框中进行设置，如图 2 – 16 所示，单击"确定"按钮，得到一个多边形，如图 2 – 17 所示；在工具箱的下方设置填充颜色（参考颜色：C = 0、M = 52、Y = 91、K = 0）填充图形，设置描边颜色为无，如图 2 – 18 所示。

图 2 – 17　　　　图 2 – 18

步骤 2：

选择工具箱中的"▶选择"工具，选取图形，单击菜单栏中的"效果"→"扭曲和变换"→"收缩和膨胀"命令，在弹出的"收缩和膨胀"对话框中进行设置（参考数值：17%，如图 2 – 19 所示），单击"确定"按钮，显示结果如图 2 – 20 所示。

图 2 – 19

图 2 – 20

步骤 3：

选择工具箱中的"★星形"工具，在页面区域适当的位置单击鼠标，对弹出的"星形"对话框进行设置，如图 2 – 21 所示，单击"确定"按钮，得到一个星形，如图 2 – 22 所示。

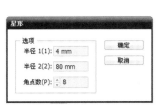

图 2 – 21

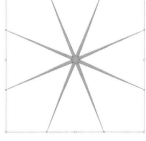

图 2 – 22

步骤4：

选择工具箱中的"[icon]选择"工具选取星形图形，填充图形为白色并将其拖拽到多边形的中心（拖拽位置正确时软件有中心点提示，如图2－23所示），按住"Shift＋Alt"组合键等比缩小图形至合适大小，如图2－24所示。

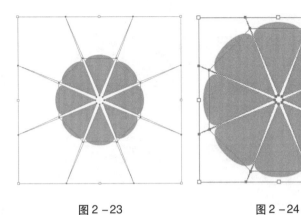

图2－23   图2－24

步骤5：

选择工具箱中的"[icon]椭圆"工具，按住"Shift＋Alt"组合键，选中多边形的中间位置向外拖拽鼠标，绘制出一个圆形，填充色为无，设置描边颜色为灰色并为图形填充描边（参考颜色：C＝55、M＝46、Y＝44、K＝0，如图2－25所示）。

最终完成效果如图2－26所示。

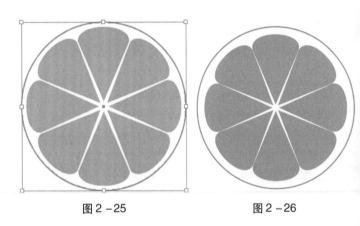

图2－25   图2－26

2.5 绘制扳手

图2－27

步骤1:

选择"⊙椭圆"工具,按住 Shift 绘制一个圆形,并填充颜色和描边(参考数据:直径 2in/50.27mm,颜色:C=46、M=38、Y=38、K=2,描边:1pt/黑色),如图 2-28 所示;然后用"复制"、"粘贴"命令复制一个圆形放在其下边。

步骤2:

选择"▢矩形"工具,取消填充描边,以圆形上方的锚点为中心,按住 Alt 键绘制一个长方形(参考数据:宽 1in/25.87mm,如图 2-29 所示)。

步骤3:

选择"▶选择"工具框选全部图形,选择菜单栏中的"窗口"→"路径查找器"命令(即按组合键"Ctrl + Shift + F9"),将弹出"路径查找器"对话框,选择"⬜减去顶层"命令,如图 2-30。

步骤4:

接下来处理刚才复制出来的圆形,首先选择"⊙多边形"工具,以圆形中心点为中心,按住 Shift 键绘制出一个多边形(参考数据:宽 1.45in/36.9mm,高 1.25in/32mm);然后选择"▶选择"工具框选它们,再执行"路径查找器"对话框中的"⬜减去顶层"命令,结果如图 2-31 所示。

步骤5:

选择"☆星形"工具,在页面空白处拖拽,同时用键盘"上、下"方向键调边数为多边,如图 2-32 所示;然后选择"⊙椭圆"工具,以星形中心点为中心,按住"Shift + Alt"键绘制一个圆形与星形的边角相交,如图 2-33 所示;接着选择"▶选择"工具框选它们,从"路径查找器"对话框中选择"⬜交集"命令,如图 2-34 所示。

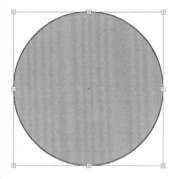

图 2-28

图 2-29

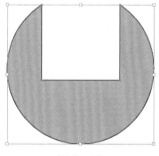

图 2-30

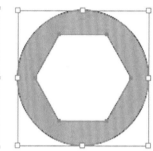

图 2-31

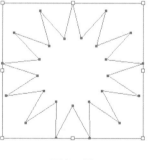

图 2-32

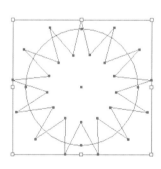

图 2-33

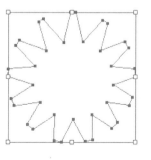

图 2-34

选择"⊙椭圆"工具，继续以星形中心点为中心，按住"Shift + Alt"键绘制一个圆形与星形的边角相交，如图 2 - 35 所示；然后从"路径查找器"对话框中选择"□联集"命令，最后添加描边效果（参考数据：描边 1pt/黑色，如图 2 - 36所示）。

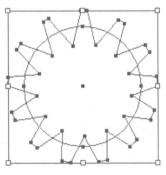 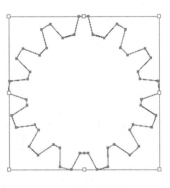

图 2 - 35   图 2 - 36

步骤 6：

将处理完的星形拖拽到圆形的中心处并作大小调整，如图 2 - 37 所示。

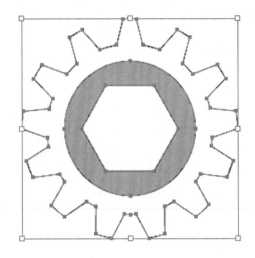

图 2 - 37

步骤 7：

选择"□矩形"工具，在页面空白处绘制一个填充色为黑色、无描边色的矩形（参考数据：宽 1.3in/31mm，高 3.7in/94mm），将其拖拽到两个圆形的中间并作形状调整；然后单击鼠标右键选择"排列"→"置于底层"，如图 2 - 38 所示；选择"□圆角矩形"工具，以长方形的中心点为中心，按住 Alt 键绘制一个圆角矩形（参考数据：宽 0.9in/23mm，高 3in/75mm，颜色：C = 24、M = 19、Y = 20、K = 0，如图 2 - 39 所示。

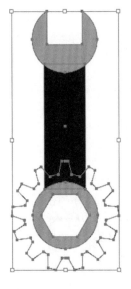 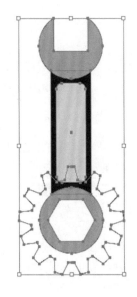

图 2 - 38   图 2 - 39

步骤8：

选择"选择"工具框选"锯齿"和黑色矩形（框选方法如图2-40所示），从"路径查找器"对话框中选择"分割"命令；然后选择"选择"工具框选下方"锯齿"和圆形部分（勿选到矩形），接着选择工具栏中的"实时上色"工具对"锯齿"部分填充颜色（参考数据：颜色：C=61、M=53、Y=52、K=24，如图2-41所示）。

最终效果如图2-42所示。

2.6 绘制螺丝刀

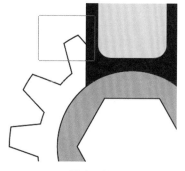

图2-40

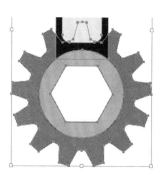

图2-41

图2-42

图2-43

步骤 1：

在工具箱中的"□矩形"工具上按住鼠标，出现一组工具后拖拽到最右边的"拖出"三角形上后松开鼠标，如图2－44所示，将分离后的矩形工具栏拖拽到适当位置，如图2－45所示。

步骤 2：

选择"□矩形"工具，绘制一个长方形（参考数据：宽2 in/50.8mm，高4 in/101.6mm），然后以其中心点为中心按住 Alt 键在里面绘制一个与其等高的长方形（参考数据：宽0.9in/22.86mm，如图2－46所示）。

步骤 3：

选择"□椭圆"工具，以大长方形顶边的交叉点为中心，按住 Alt 键绘制一个与其等宽的椭圆形（参考数据：高1.15in/29.21mm，如图2－47所示）；选择"□圆角矩形"工具，以大长方形底边的交叉点为中心，按住 Alt 键绘制一个与其等宽的圆角矩形（参考数据：高1in/25.4mm，如图2－48所示）。

步骤 4：

选择"□圆角矩形"工具，以下方圆角矩形底边的交叉点为中心，按住 Alt 键绘制一个圆角矩形（参考数据：宽1.15in/29.21mm，高0.6in/15.24mm，如图2－49所示）；选择"□星形"工具，以最下方圆角矩形底边的交叉点为中心，按住 Shift 键拖拽，同时用键盘"上、下"方向键调边数为三边，绘制一个等边三角形（参考数据：宽0.75in/19.063mm，高0.65in/16.51mm，如图2－50所示）。

图2－44

图2－45

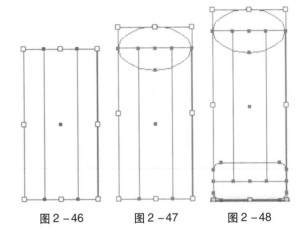

图2－46　　图2－47　　图2－48

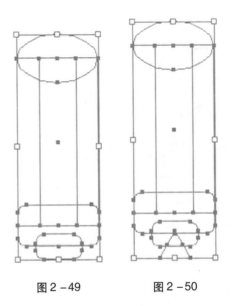

图2－49　　图2－50

步骤5：

按住 Shift 键将三角形拖拽至下方，双击工具箱栏中的" 旋转"工具，弹出"旋转"对话框，如图2－51所示，角度输入"180"，单击确定将三角形旋转180度；用"选择"工具选定三角形，选择菜单栏中的"编辑"→"复制"命令复制图案，然后单击菜单栏中的"编辑"→"贴在前面"命令，将刚才复制的图案与原图案重合；保持选定状态，按住 Alt 键将复制的图案收窄（参考数据：宽0.28in/mm，如图2－52所示）。

图2－51   图2－52

步骤6：

选择"矩形"工具，以三角形顶边左锚点为原点，往上拖拽鼠标，绘制出一个宽度与三角形相等、连接螺丝刀身的长方形，如图2－53所示。

步骤7：

选择"选择"工具框选螺丝刀的下半部分，如图2－54所示，添加描边效果（参考数据：颜色为黑色，粗细为1pt，如图2－55所示）。

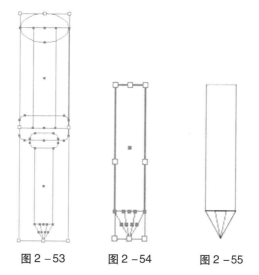

图2－53   图2－54   图2－55

步骤8：

选择"选择"工具或用"全选（Ctrl＋A）"命令选定全部图形，选择菜单栏中的"窗口"→"路径查找器"命令（Ctrl＋Shift＋F9），弹出"路径查找器"对话框，选择"分割"命令将图案分割成若干区域；选择工具栏中的"实时上色"工具，对图案的各个区域填充颜色（注意：空白区域应填充白色。参考颜色：深灰为 C＝53、M＝44、Y＝44、K＝8，灰为C＝33、M＝27、Y＝27、K＝0，浅灰为 C＝15、M＝12、Y＝11、K＝0，如图2－56所示）。

图2－56

步骤9：

选择"◎椭圆"工具在螺丝刀图案下方按住 Alt 绘制一个与其中线对齐的椭圆形（参考数据：宽 1.5in/38mm，高 0.4in/10mm，如图 2–57 所示）。

步骤10：

使用"复制"、"粘贴"命令将椭圆形复制并往下移动，水平对齐上方椭圆，如图 2–58 所示。

步骤11：

选择"↘直线段"工具，将两个椭圆形两端的锚点连接；然后选择"路径查找器"对话框，用"分割"命令将图案分割，如图 2–59 所示。

步骤12：

选择"星形"工具，以上方椭圆形中心点为中心进行拖拽，用键盘"上、下"方向键调边数为四边，描绘一个星形，如图 2–60 所示；然后使用"▶直接选择"工具选中星形内的锚点进行拖拽，同时，按住 Shift 键，对星形图案进行变形，结果如图 2–61 所示。

步骤13：

选定星形图案，对其进行描边处理（参考数据：颜色为灰色，粗细为 0.5pt）；然后选择"◎实时上色"工具，对图案的各个区域填充颜色（参考颜色：参考螺丝刀填充颜色，结果如图 2–62 所示）。

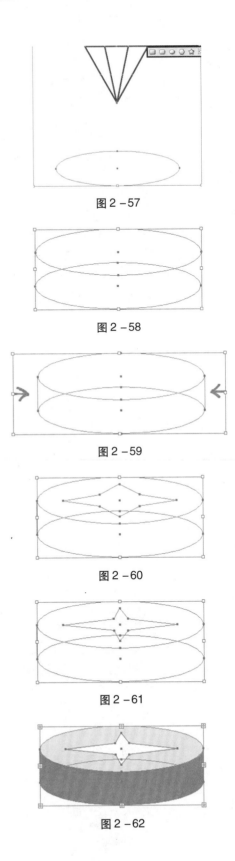

图 2–57

图 2–58

图 2–59

图 2–60

图 2–61

图 2–62

步骤14：

选择"橡皮擦"工具，对螺丝刀刀尖部分做打磨处理，结果如图 2 – 63 所示。

最终完成效果如图 2 – 64 所示。

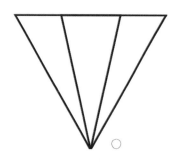

图 2 – 63

图 2 – 64

第三章　对象编辑

本章主要介绍 Illustrator 提供的强大的对象编辑功能，主要介绍对象的旋转、缩放、镜像、倾斜、对齐、分布等。通过对本章内容的学习，可以掌握 Illustrator 变换工具的操作技能以及复杂图形的简便编辑方法。

基础知识

3.1　变换工具

变换工具包括旋转工具 ○、缩放工具 ▣、倾斜工具 ◌、镜像工具 ▨。使用这些工具编辑图形将变得更加轻松快捷。这些工具的使用方法类似，共有五种方法：

（1）使用变换工具点击，设置一个原点，然后从一个不同的位置进行拖动。

（2）以一个动作点击并拖动，从对象的中心点或最后的原点开始变换。

（3）Alt + 点击，设置原点，然后在工具的变换对话框中键入精确的数据。

（4）双击一种变换工具，以在选定对象的中心位置设置原点，然后在工具的变换对话框中键入精确的数据。

（5）使用变换控制面板。

3.1.1　旋转工具 ○

使用旋转工具可以旋转文档中的选定对象。如图 3 - 1 所示，先画一个椭圆，再按下 Alt 键并点击，设置原点，在弹出的对话框中键入角度"10"，点击复制按钮得到图 3 - 2 所示图形。

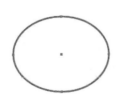
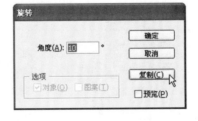

图 3 - 1　　　　　　　　　　　　　　　　　　　图 3 - 2

3.1.2 缩放工具

使用缩放工具能够等比或不等比地改变对象的尺寸。如图3－3所示，先画一个小圆，再用旋转工具旋转多个小圆，接着按下 Alt 键并点击中心点，设置原点，在弹出的对话框中等比缩放键入"80"，点击复制按钮，再按"Ctrl + D"得到图3－4所示图形。

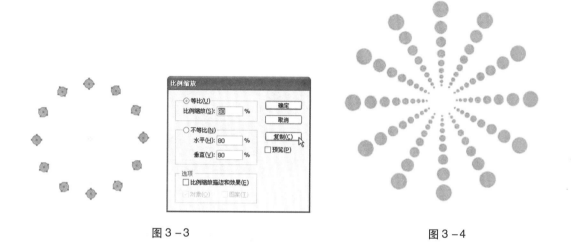

图3－3   图3－4

3.1.3 倾斜工具

使用倾斜工具可以倾斜文档中的选定对象。如图3－5所示，先键入"Shadow"文字，将其复制，改变颜色为灰色并排在下面，接着按下 Alt 键并点击左下角，设置原点，在弹出的对话框倾斜角度输入"－120"，点击确定按钮得到图3－5（左）所示图形。

图3－5

3.1.4 镜像工具

使用镜像工具能够通过一个镜像轴制作选定对象的镜像。如图3－6所示，先画一个矩形，再用倾斜工具平行倾斜，接着按下 Alt 键并点击下面的边线，设置原点，在弹出的对话框中设置水平轴镜像，点击复制按钮。最后再重复以上功能编辑得到图3－7所示图形。

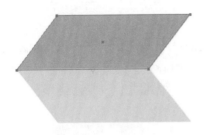

图 3 - 6

图 3 - 7

3.2　对齐控制面板

对齐控制面板能够使图案水平与垂直对齐并分布到左、中、右、顶和底部。如图 3 - 8 所示，利用水平居中对齐和垂直居中对齐很快得到如图 3 - 9 的效果；图 3 - 10 利用水平居中分布和垂直顶部对齐得到如图 3 - 11 的效果。

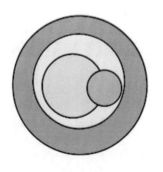

图 3 - 8

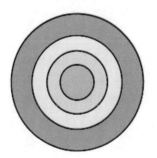

图 3 - 9

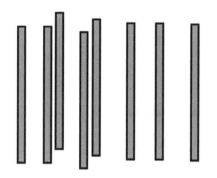
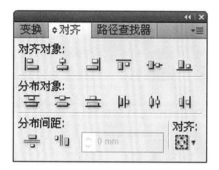

图 3 –10

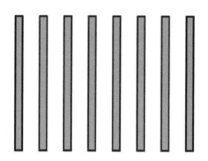
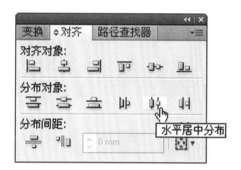

图 3 –11

案例实训

3.3 绘制螺旋花纹

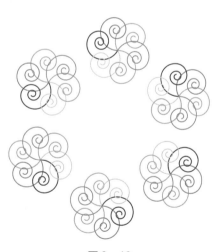

图 3 –12

步骤 1：

点击工具箱中的"╲ 直线段"，出现"◎ 螺旋线"工具；选中后在页面上绘制一个适当大小的螺旋线（参考数据：描边 1pt，如图 3 –13 所示）。

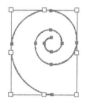

图 3 –13

步骤2：

选择工具箱中的"⟳旋转"工具，以螺旋线下端描点为原点，按住 Alt 键并单击鼠标，在弹出的对话框中键入"60"，如图 3 − 14 所示，点击复制按钮完成复制；接着按"Ctrl + D"重复以上动作，再分别给各个花纹描边颜色，如图 3 − 15 所示。

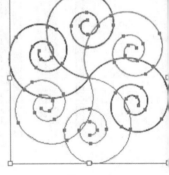

图 3 −14　　　　　　图 3 −15

步骤3：

在图案的下方选择一个位置做原点，按住 Alt 键并单击鼠标，在弹出的对话框中键入"60"，如图 3 − 14 所示，点击复制按钮完成复制；以原点作为原点重复以上步骤可绘制出一个完整的花纹图案，如图 3 − 16 所示。

图 3 −16

最终完成效果如图 3 −17 所示。

图 3 −17

3.4 绘制菊花

图 3－18

步骤 1：

在文件下拉菜单中新建文件，从上面和左边标尺处拉出十字参考线，按"Shift + Alt"键在其上面画一个正圆形，并填充渐变颜色如图 3－19（右）所示设置。

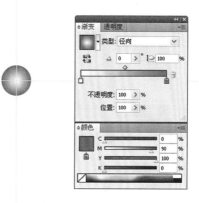

图 3－19

步骤 2：

在垂直参考线上画一个椭圆，如图 3－20 所示。在工具箱中选择 转换点工具，单击椭圆下端的节点，出现如图 3－21 所示效果。

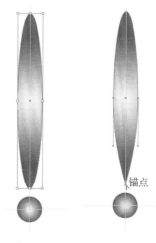

图 3－20　　　图 3－21

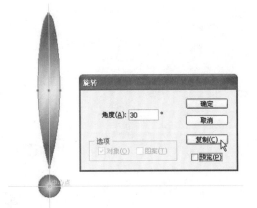

Illustrator
绘图 实例教程

步骤3：

选择旋转工具，按住 Alt 键并在参考线交叉处单击，在出现的旋转对话框中设置角度为 30 度，如图 3 − 22 所示，接着按复制。

图 3 − 22

步骤4：

重复上一次动作，按"Ctrl＋D"直到出现如图 3 − 23 所示的图形为止。

图 3 − 23

步骤5：

用选择工具选择花瓣并对其进行编组，如图 3 − 24 所示。

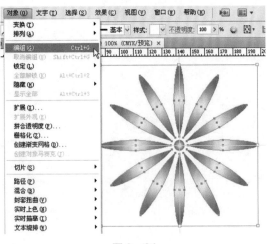

图 3 − 24

步骤6:

选择菜单"对象"→"变换"→"分别变换",在对话框中将缩放改为 50%,旋转角度改为 15 度,如图3-25 所示并按复制。

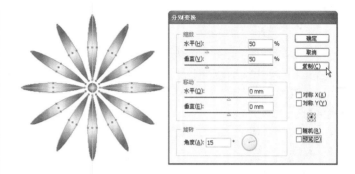

图 3-25

最终完成效果如图 3-26 所示。

图 3-26

3.5 绘制线构成图

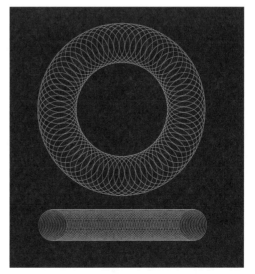

图 3-27

Illustrator
绘图 实例教程

步骤 1：

在文件下拉菜单中新建文件，选择椭圆工具并将描边颜色设置为 M = 100，粗细为 0.5pt，如图 3 - 28 所示。

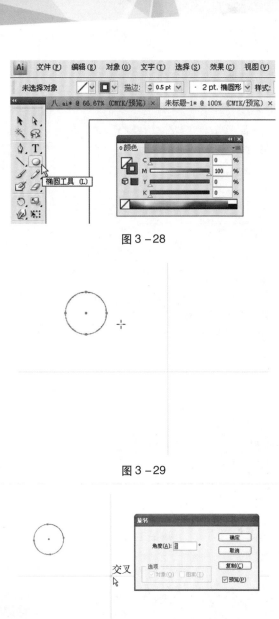

图 3 - 28

步骤 2：

从上面和左边标尺处拉出十字参考线，在其左上角按"Shift + Alt"键画一个正圆形，如图 3 - 29 所示。

图 3 - 29

步骤 3：

选择旋转工具，按住 Alt 键并在参考线交叉处单击，在出现的旋转对话框中设置角度为 5 度，如图 3 - 30 所示，接着按复制。

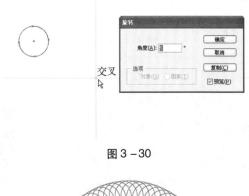

图 3 - 30

步骤 4：

重复上一次动作，按"Ctrl + D"直到出现如图 3 - 31 所示的图形为止。

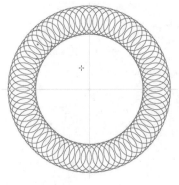

图 3 - 31

步骤5：

用选择工具框选左右两边的线，设置描边颜色为 C = 100、Y = 100，如图 3 – 32 所示效果。

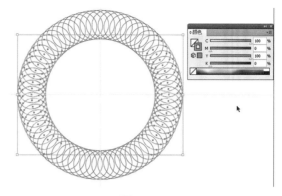

图 3 – 32

步骤6：

制作下面的线框，先选择椭圆工具并将描边颜色设置为 M = 100，粗细为 0.5pt，在空白处画一个椭圆，接着用选择工具将椭圆向右边拖拽并平行复制一个椭圆，执行此次动作时左手要同时按住"Shift + Alt"键，如图 3 – 33 所示。

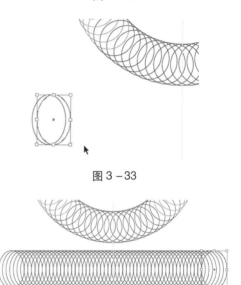

图 3 – 33

步骤7：

重复上一次的动作，按"Ctrl + D"直到出现如图 3 – 34 所示的图形为止。

图 3 – 34

步骤8：

用矩形工具画一个黑色背景并置于最后面，最终完成效果如图3 – 35 所示。

图 3 – 35

第四章　画笔与图案

本章主要介绍 Illustrator 的画笔和图案，Illustrator 提供了较强的绘图功能，也可以将画笔描边应用于现有的路径，利用画笔工具并配合使用相应的画笔面板可绘制出充满艺术格调的作品。由于 Illustrator 是矢量绘图软件，在面板中附带很多图案，因此在色板中使用这些图案，可以自定义图案以及使用工具设计图案。

基础知识

4.1　画笔工具的介绍

Illustrator 画笔模拟自然画笔效果进行绘图，既可以自由绘图，创作出各类艺术效果，又可以将画笔应用于已经勾画好的路径。

4.2　画笔工具的使用

在工具箱中选择画笔 ，然后在画笔面板中选择一支画笔，在工作面板页面上按住鼠标拖动，绘制一条路径，此时画笔工具右下角显示一个小叉，表示正在绘制一条任意形状路径，如图 4 - 1 所示。绘制过程中小叉会消失，如图 4 - 2 所示。

图 4 - 1　　　　　　　　图 4 - 2　　　　　　　　图 4 - 3　画笔工具对话框

双击工具箱中的画笔工具，弹出画笔工具选项对话框，可以对画笔属性进行设置，如图 4 - 3 所示。

"保真度"值越大，所画曲线上的节点越少；值越小，所画曲线上的节点越多。

"平滑度"值越大，所画曲线与画笔移动的方向差别越大；值越小，所画曲线与画笔移动的方向差别越小。

4.3 画笔面板和分类

在菜单中执行"窗口"→"画笔"命令来打开画笔面板，选择一支合适的画笔，如图4-4所示，如面板中画笔不够多，可以在面板右上角菜单中打开更多菜单。

四种类型的画笔：

（1）书法笔刷：沿着路径中心创建具有书法效果的笔画。

（2）散点笔刷：沿着路径散布特定的画笔形状。

（3）艺术笔刷：沿着路径的方向展开画笔。

（4）图案笔刷：绘制由图案组成的路径，这种图案沿路径不停重复。

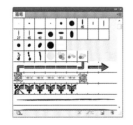

图4-4 画笔面板

图4-5 四种类型的画笔

4.4 创建画笔

在画笔面板中选择"新建画笔"命令，弹出如图4-6所示的新建画笔对话框，在此对话框中可以选择新类型的画笔，如果新建散点画笔和艺术画笔，在单击"新建画笔"之前必须有图形被选中。

单击"确定"按钮，弹出书法画笔选项对话框，如图4-7所示，设置名称为：书法画笔2pt、角度为0°、圆度为100%、直径为2pt，这几项设置完成之后，单击"确定"按钮。

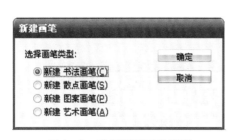

图4-6 选择新建画笔类型

图4-7 书法画笔选项

创建的书法画笔就存储在画笔面板中，如图4-8所示，接着用创建好的画笔绘制插画。

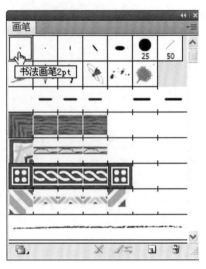

图 4 – 8

4.5 图案的制作

4.5.1 图案介绍

由于 Illustrator 是矢量绘图软件,文件格式较小,本身自带了很多图案,可在色板面板使用这些图案。要使用创建的图案,可以先绘制图案的基本单元图形,然后将色板面板的图案直接应用到图案上,也可以自定义图案以设计新图案。用 Illustrator 设计图案的应用领域相当广泛,如平面设计、广告设计、包装设计、服装设计以及室内空间设计等都与图案设计息息相关,它不仅丰富了我们的画面,而且使设计作品变得更加有冲击力!

4.5.2 图案使用

(1)创建新文件,在页面中使用矩形工具绘制矩形。

(2)执行"窗口"→"色板"命令,将色板面板打开,现有的图案只有一个,如图 4 – 9 所示。如果想打开更多的图案,在色板面板右上角单击三角形,在下拉菜单中选中"打开色板库",在展开菜单中选择"图案"里的任何一种类型即可,如图 4 – 10 所示。

图 4 – 9

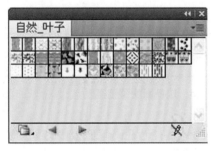

图 4 – 10

（3）选中打开的图案的样式，选中图案或拖曳图案到矩形框中即可，图案颜色就出来了，如图 4 – 11 所示效果。

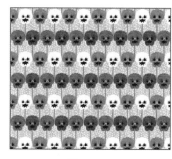

图 4 – 11

4.5.3　更改图案颜色

可以对现有图案颜色进行调整，先选择图案，在菜单执行"对象"→"扩展"命令，取消扩展的对象的编组，在工具面板中用直接选择工具选择需要更改颜色的区域，在颜色面板中选择颜色即可。

案例实训

4.6　画笔创作头部装饰效果

充满灵动的艺术画笔可以直接对现有的路径进行描边，这将大大丰富线和画笔的表现形式，产生线和面结合的视觉效果，下面就来进行艺术画笔创作。

图 4 – 12　线稿

（1）执行"文件"→"打开"命令，打开本章"线稿.ai"文件，出现如图 4 – 12 所示图形。

（2）执行"窗口"→"画笔"命令，打开画笔面板，如图 4 – 13 所示。

快捷键：按下键盘上的 F5（Windows）键可以快速打开画笔面板。

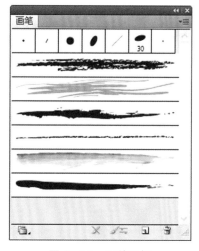

图 4 – 13　画笔面板

（3）使用"选择"工具选择线稿中人物脸孔轮廓的路径，在"画笔"面板中单击需要的艺术画笔样式，即可更改路径的画笔样本样式，并在"窗口"→"颜色"调板中修改所需要量的颜色，效果如图4-14所示。

（4）使用"选择"工具选择线稿中图形外轮廓的路径，在"画笔"面板中单击需要的艺术画笔样式，在"颜色"调板中修改所需要量的颜色，效果如图4-15所示。

（5）使用"选择"工具选择线稿中头发部分的路径，在"画笔"面板中单击需要的艺术画笔样式，在"颜色"调板中修改所需要量的颜色，效果如图4-16所示。

（6）对画面中的整体进行调整，分出灰色和黑色层次，如图4-17所示。

图4-14 对人物脸部进行上色　　图4-15 对人物顶部装饰品进行上色

图4-16 画笔应用整个头部　　图4-17 最终效果

4.7 书法画笔、艺术画笔绘制插画

（1）创建一个450mm×115mm的矩形，打开"颜色"色板，填充颜色为R=237、G=231、B=195的底色，执行"对象"→"锁定"→"锁定对象"命令把矩形锁定。然后在画笔面板选择刚才创建的书法画笔2pt，用鼠标绘制狗的外形，得到效果如图4-18所示。

图4-18 书法画笔绘制狗造型

（2）使用书法画笔 2pt 继续用鼠标绘制猫图形，得到效果如图4-19所示。

（3）按F5 打开"画笔"面板，单击面板右上角的"打开画笔库"→"其他库"，打开自带的笔刷或外置笔刷，这时会弹出丰富的画笔样式，如图4-20所示。

（4）用"选择"工具选中狗的形状，应用刚才定义好的笔刷样式，得到如图4-21所示效果。

（5）继续使用艺术画笔工具，配合"颜色"面板上的颜色，对狗和猫的五官进行填充和描绘，得到如图4-22所示效果。

（6）给插画添加"PUCO AND DINGA"文字，设置文字大小和字体，得到最终效果如图4-23所示。

图4-19　狗和猫造型

图4-21　运用不同笔触

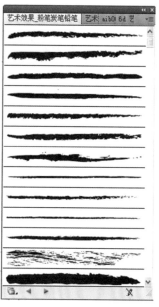

图4-20　画笔库中的画笔

图4-22　给五官和头顶加颜色

图4-23　最终效果

4.8　创建图案画笔

图案画笔用来绘制对象轮廓，而非将填充图案用来填充对象。

（1）执行"窗口"→"符号"命令打开符号面板，如图4-24所示。

（2）用工具箱工具创建以下人物形象图形和性别符号图形，如图4-25、4-26所示。

图4-24　符号面板

图4-25

图4-26

（3）把刚才创建的图形拖到画笔工具栏中生成图案画笔，如图4-27所示。

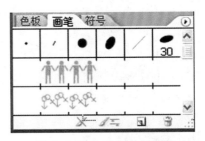

图4-27　自定义图案画笔

弹出新建画笔面板，选择画笔类型为新建"图案画笔（P）"，单击确定，如图4-28所示。

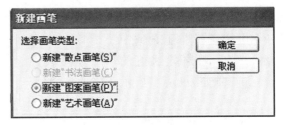

图4-28　新建画笔面板

弹出"图案画笔选项"，在名称上设置一个名称，如图4-29所示。

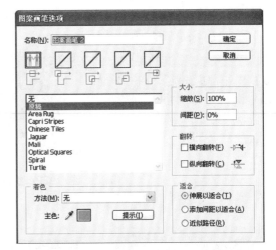

图4-29

（4）创建一个正圆且填充，并在圆外圆内创建一个无填充、无描边只有路径的正圆，利用对齐工具把三个圆的中心对齐，如图4-30所示。

（5）选择最外面圆的路径，然后点击自定义的人物形象画笔。选择内圆路径，然后点击性别符号画笔，得到图4-31，注意调整描边的大小。

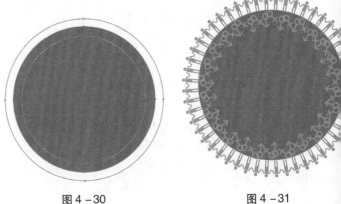

图4-30　　　　　　　　图4-31

（6）分别对上一步两个圆按比例缩放，重复上一步动作（Ctrl + D，Windows），手动按"Shift + Alt"可以按比例定中心缩放，得到如图 4 - 32 所示效果。

图 4 - 32

练习：用以上所讲方法完成图 4 - 33。

提示：路径的绘制先做一边，然后用水平镜像生成另一边。

图 4 - 33

4.9 设计图案

（1）在工具箱中选取矩形工具绘制矩形，打开色板面板填充颜色，矩形的边线为无色，填充颜色为 C = 20、M = 0、Y = 100、K = 0，得到如图 4 - 34 所示图形。

图 4 - 34 绘制矩形

（2）将矩形选中，执行菜单"窗口"→"变换"（Shift + F8，Windows）命令弹出变换面板，如图 4 – 35 所示，将"倾斜"参数设置为"30"，得到如图 4 – 36 所示图形。

图 4 – 35

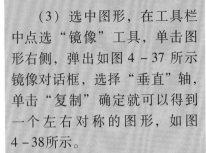

图 4 – 36

（3）选中图形，在工具栏中点选"镜像"工具，单击图形右侧，弹出如图 4 – 37 所示镜像对话框，选择"垂直"轴，单击"复制"确定就可以得到一个左右对称的图形，如图 4 – 38所示。

图 4 – 37

图 4 – 38

（4）选中图形，点击菜单"对象"→"编组"（Ctrl + G，Windows），在工具栏中点选"镜像"工具，单击图形下侧，弹出如图 4 – 39 所示镜像对话框，选"水平轴"，单击"复制"就可以得到一个上下对称的图形，如图4 –40 所示。

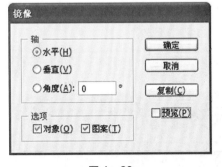

图 4 – 39

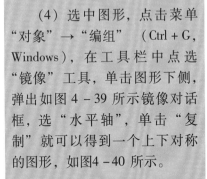

图 4 – 40

（5）用选择工具选中下部分水平镜像的图形颜色进行修改，在"窗口"→"颜色"面板中将参数修改为C = 5、M = 0、Y = 90、K = 0，得到新颜色色块，如图 4 – 41 所示。

图 4 – 41

（6）在工具栏中选择矩形工具，以倾斜、对称图形为基准绘制矩形图形，颜色修改为C = 30、M = 0、Y = 95、K = 0。在菜单中执行"对象"→"排列"→"置于底层"（Ctrl + Shist + [，Windows）命令将矩形置于最底层，得到图案基本元素，如图 4 – 42 所示。

图 4 – 42　图案基本元素

（7）选取定义的图案基本元素，打开菜单"编辑"→"定义图案"命令，在弹出的对话框中设定图案的名称，然后单击确定。在"色板"调板中就会出现刚才定义的图案，如图 4 – 43 所示。也可以对制作的图形设定不同的填充色，将会得到不同效果。

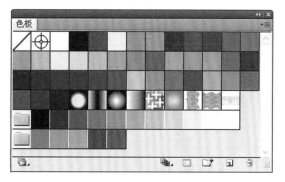

图 4 – 43

（8）在工具栏中选择矩形工具，在页面中创建 12cm × 8cm 的矩形，在色板中选择刚才定义的图案，得到如图 4 – 44 所示效果。

图 4 – 44

（9）对定义的图案对象进行旋转变换。首先使图案处于选中状态，然后选择工具栏中的旋转工具，按住 Alt（Windows）/Option（Mac OS）键的同时在矩形中心位置单击鼠标左键，图案的中心即成为旋转的中心点并弹出如图 4–45 所示对话框。

设置旋转角度为 30°，在选项栏中有"对象"和"图案"两项，"对象"表示所绘制的外框图形大小，"图案"表示图形中填充的图案，按确定后出现如图4–46 所示效果。

（10）对图案中的元素进行缩放。使图案处于选中状态，在工具箱中选择缩放工具，按住Alt（Windows）/Option（Mac OS）键的同时在矩形中心位置单击鼠标左键，图案的中心即成为旋转的中心点，单击鼠标后弹出比例缩放对话框，如图4–47所示。

在"比例缩放"后面输入的数值为缩放值，设定统一放大比例为150%，在选项栏下面把"图案"项勾选上，单击确定，得到如图4–48 所示效果。

设定缩小比例为 50%，在选项栏下面把"图案"勾选上并单击确定，得到如图 4–49所示效果。

练习：运用前面讲过的知识制作图 4–50。

图 4–45　勾选图案

图 4–46　只旋转图案效果

图 4–47　比例缩放面板

图 4–48　放大比例为
150%的效果图

图 4–49　缩小比例为
50%的效果图

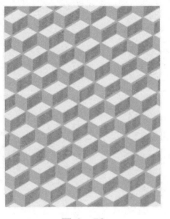

图 4–50

第五章　渐变与网格

本章主要介绍 Illustrator 两种制作渐变的工具 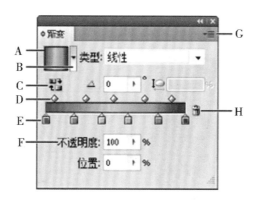 和网格工具 。使用渐变工具可以在一个或者多个图形内填充，渐变方向是单一方向；使用渐变网格工具可以在一个图形内创建多个渐变点，产生多个渐变方向。

基础知识

5.1　渐变色的介绍

使用渐变填充可以在要应用其他任何颜色时进行渐变颜色混合应用。创建渐变填充是在一个或多个对象间创建颜色平滑过渡的好方法。调好的渐变色可存储在色板中，应用在其他对象上。

渐变色是通过渐变面板或渐变工具来应用研究、创建和修改渐变的。

5.1.1　渐变面板

执行"窗口"→"渐变"（Ctrl + F9）命令打开渐变面板，如图 5 – 1 所示，在该面板中可以进行直线渐变和径向渐变填充的设置。

A. 渐变填色框　B. 渐变菜单　C. 反向颜色　D. 中点　E. 色标　F. 不透明度
G. 面板菜单　H. 删除色标

图 5 – 1　渐变面板

5.1.2　线性渐变填充

在三种渐变类型中，线性渐变填充是一种较常用的填充方式，它是两种或多种颜色沿一条直线的逐渐过渡，使用"渐变"工具可以修改填充效果，如改变渐变填充方向和倾斜度。而通过"渐变"面板可以精确设置渐变填充的各项参数。

使用椭圆工具绘制一个正圆并填充红色，打开渐变面板，选择创建类型为径向，根据光源的方向，在渐变面板中将滑块的颜色分别设置为亮颜色、固有色、反光色，如图 5 – 2 所示。

图 5 – 2　　　　　　　　　　　　　图 5 – 3

光源从顶部照射，使用渐变工具在圆形顶部由左上角向右下角拖曳，图 5 – 3 是通过线性渐变创建的立体球体。

最后，将渐变存储在颜色面板中。

5.2　网格的制作及应用

5.2.1　网格介绍

渐变网格是指在作用图形或者图像上利用命令或工具形成网格，利用这些网格，可以对图形进行多个方向和多种颜色的渐变填充。分为渐变网格工具▦和渐变网格命令两种。

渐变网格工具▦可以在一个图形内创建多个渐变点，能产生多个渐变方向，图 5 – 4 所示为渐变网格效果，图 5 – 5 为显示线稿模式下的网格。

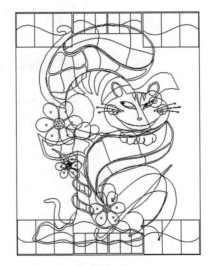

图 5 – 4　　　　　　　　　　　　　图 5 – 5

一个图形创建后，网格点之间的区域称为网格面片。可以用更改网格点颜色的方法来更改网格面片的颜色，如图 5-6 所示。

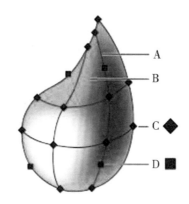

A. 网格线　B. 网格面片　C. 网格点　D. 锚点

图 5-6　网格对象示意图

5.2.2　网格使用

创建不规则网格对象：首先用钢笔工具创建一个水滴形状并填充蓝色，选择渐变网格工具 ，然后单击第一个网格点放置的位置，创建一个具有一纵一横网络线数的网格对象，继续单击在该图上添加其他网格点，如图 5-7 所示。

删除网格点：按 Option（Mac OS）/Alt（Windows）键，将鼠标移至网格点时，鼠标形状上出现一个小减号，单击网格点，此时删除所选网格点以及形成此网格点的两条网格线，结果如图 5-8 所示。

图 5-7　　　　　　　　　　　　　　　　　　　　图 5-8

更改网格点或网格面片的颜色：用直接选择工具选择网格对象的点或面片，将颜色面板或色板中的颜色拖到所选的点或面片上即可，如图 5-9 所示。

配合吸管工具选取颜色：选择网格对象的点或面片，使用"吸管工具"吸取其他图形的颜色，颜色被应用于网格点或网格面片，如图 5-10 所示。

创建规则网格对象：使用矩形工具绘制一个正方形图形并填充颜色，然后选择菜单"对

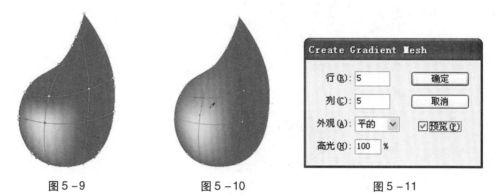

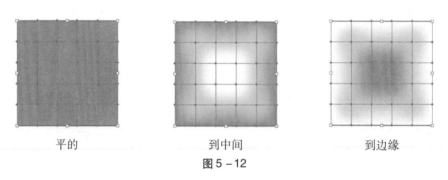

象"→"创建渐变网格"命令,弹出创建渐变网格对话框,如图 5 – 11 所示。

图 5 – 9　　　　　　图 5 – 10　　　　　　图 5 – 11

　　根据需要设置网格对象的行、列和外观(平的、到中间、到边缘),将行数和列数均设为 5,得到图形如 5 – 12 所示。

平的　　　　　　　　到中间　　　　　　　　到边缘

图 5 – 12

案例实训

5.3　亚运会标志

　　(1)打开本章节附带的素材"2010 广州亚运会会徽—线稿.ai"文件,如图 5 – 13 所示。

16TH ASIAN GAMES
Guangzhou 2010

图 5 – 13

（2）在工具箱单击"选择"工具，将"Guangzhou2010"文字选中，在色板中选择黑色颜色并填充，把文字的边框设置为无颜色描边。把标志右上角的太阳图形填充成红色，颜色数据为：C = 12、M = 90、Y = 95、K = 2，把太阳边框设置为无颜色描边，得到如图 5 - 14、5 - 15 所示。

（3）在工具箱单击"选择"工具，将亚运会标志主体选取出来，点击菜单"对象"→"复合路径"→"建立"，将若干个图形组合成一个整体。

（4）执行"窗口"→"渐变"（Ctrl + F9）命令打开渐变面板，在渐变类型里选择"线性"，在渐变滑块下方单击增加一个滑块，将角度设为 90°，如图 5 - 16 所示。

（5）单击渐变滑块左边，执行"窗口"→"颜色"（Ctrl + F6，Windows）命令打开颜色面板，颜色数据为：C = 13、M = 92、Y = 96、K = 3，如图 5 - 17 所示，得到图 5 - 18 所示效果。

（6）单击渐变滑块右边，在颜色面板设置颜色，颜色数据为：C = 10、M = 57、Y = 95、K = 1，如图 5 - 19、5 - 20 所示，得到图 5 - 21 所示效果。

图 5 - 14

图 5 - 15

图 5 - 16

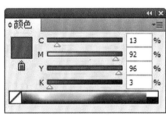

图 5 - 17

图 5 - 18

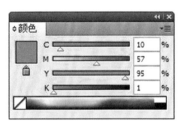

图 5 - 19

图 5 - 20

图 5 - 21

（7）单击渐变滑块中间，在颜色面板设置颜色，颜色数据为：C = 8、M = 23、Y = 86、K = 0，如图 5 – 22、5 – 23 所示，得到图 5 – 24 所示效果。

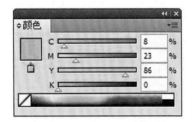

图 5 – 22

图 5 – 23

图 5 – 24　最终效果

练习：运用前面讲过的知识制作图 5 – 25、5 – 26。

图 5 – 25　　　　　　　图 5 – 26

5.4 三维卡通吉祥物

下面以卡通实例进行网格渐变的讲解和制作。

（1）打开本章附带的"卡通造型—线稿.ai"文件，如图5-27所示。

（2）在工具箱中单击"选择"工具，使卡通对象的鼻子处于选中状态，如图5-28所示。

（3）单击工具箱中的"渐变网格"工具，在卡通对象的鼻子处单击第一个网格点放置的位置，单击点被转换为一个具有最低网格线数的网格对象，如图5-29所示。

（4）继续单击添加网格点，使渐变网格均匀分布在所选部分。按住Shift键并单击可添加网格点而不改变当前的填充颜色，如图5-30所示。

（5）取消网格点的选择，在工具箱中单击"直接选择工具"，单击需要进行渐变调整的网格点，按住Shift键并单击可增选网格点，效果如图5-31所示。

（6）打开颜色面板，把网格点颜色数据修改为：C=0、M=0、Y=0、K=2，得到如图5-32所示效果。

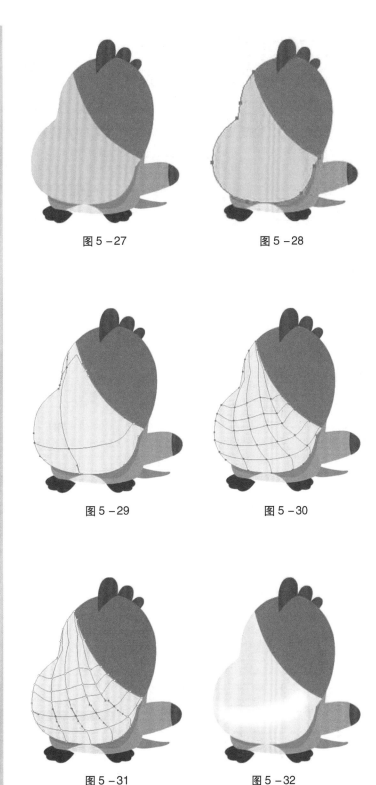

图5-27　　　　　　　　　图5-28

图5-29　　　　　　　　　图5-30

图5-31　　　　　　　　　图5-32

（7）继续用"直接选择工具"选择网格点的上部分和下部分，效果如图5－33所示。

（8）在颜色面板中将网格点颜色数据设置为：C＝0、M＝0、Y＝0、K＝7。得到如图5－34所示效果。

（9）继续向上选择渐变网格点，如图5－35所示，把颜色数据设置为：C＝0、M＝0、Y＝0、K＝10，得到如图5－36所示效果。

（10）使卡通鼻子区域处于被选取状态，执行菜单"对象"→"锁定"→"所选对象"（Ctrl＋2）命令，把该区域锁定。

（11）使用"选择"工具，选择卡通的头部，单击"渐变网格"工具，在该区域创建网格渐变，选择网格点中心部分，得到如图5－37所示效果。

（12）把选中网格点颜色数据设置为：C＝0、M＝60、Y＝90、K＝0，如图5－38所示。最后得到如图5－39所示效果。

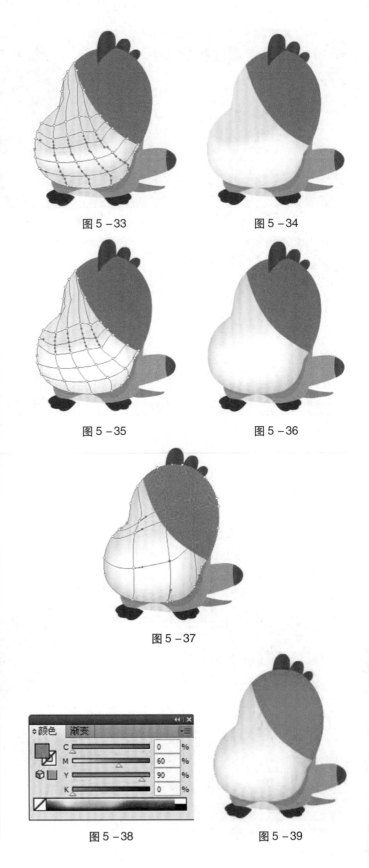

图5－33　　　　图5－34

图5－35　　　　图5－36

图5－37

图5－38　　　　图5－39

（13）将头部选中，执行菜单"对象"→"锁定"→"所选对象"（Ctrl＋2）命令，把该区域锁定。

（14）选中头顶部分的第一个角，单击"渐变网格"工具，在该区域创建网格渐变，选择网格点左边部分，得到如图5－40所示图形。

（15）把选中网格点颜色数据设置为：C＝25、M＝45、Y＝0、K＝0，如图5－41所示，最后效果如图5－42所示。

（16）继续给顶部添加网格效果，使立体感更强。使用"直接选择工具"，选择背光部分网格，如图5－43所示。

（17）把选中网格点颜色数据设置为：C＝50、M＝90、Y＝0、K＝16，如图5－44所示，最后效果如图5－45所示。

（18）用相同的方法在卡通顶部的第二、第三个角创建渐变网格，效果如图5－46所示。

（19）用选择工具选中卡通的左脚，使用"网格渐变"工具创建网格，效果如图5－47所示。

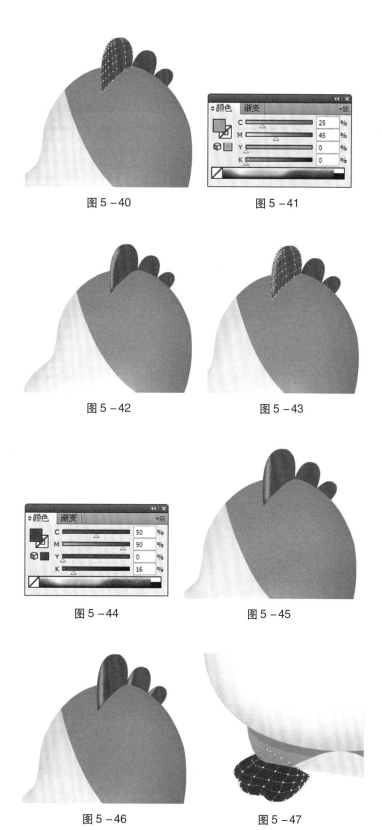

图5－40　　　　　　图5－41

图5－42　　　　　　图5－43

图5－44　　　　　　图5－45

图5－46　　　　　　图5－47

（20）使用"直接选择"工具选取左脚靠边缘网格点，颜色数据设置为：C = 72、M = 100、Y = 0、K = 30，如图5 – 48 所示，最终效果如图5 – 49 所示。

（21）使用"直接选择"工具选取左脚最靠边缘网格点，颜色数据设置为：C = 72、M = 100、Y = 0、K = 80，如图5 – 50 所示，最终效果如图5 – 51 所示。

（22）使用给左脚创建渐变网格的方法创建右脚，得到如图5 – 52 所示图形。

（23）用选择工具选中卡通的右手，使用"网格渐变"工具创建网格，得到如图5 – 53 所示图形。

（24）使用"直接选择"工具选取右手靠上部分网格点，颜色数据设置为：C = 4、M = 60、Y = 95、K = 2，如图5 – 54 所示。

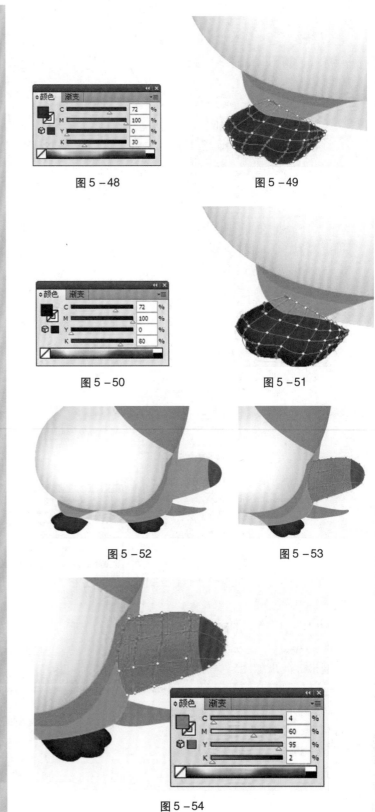

图 5 – 48　　　　图 5 – 49

图 5 – 50　　　　图 5 – 51

图 5 – 52　　　　图 5 – 53

图 5 – 54

（25）使用"直接选择"工具选取右手靠下部分网格点，颜色数据设置为：C＝21、M＝69、Y＝100、K＝9，如图5－55所示。

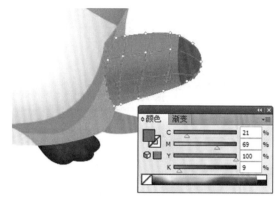

图5－55

（26）用选择工具选中卡通尾巴，使用"网格渐变"工具创建网格，如图5－56所示。

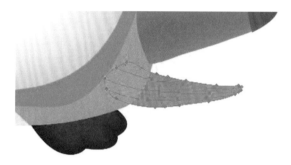

图5－56

（27）使用"直接选择"工具选取尾巴边缘的网格点，颜色数据设置为：C＝0、M＝0、Y＝0、K＝100，如图5－57所示。

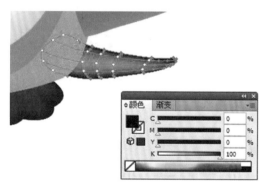

图5－57

（28）设置边框颜色为黑色，填充颜色为白色，单击工具栏椭圆工具绘制卡通的眼眶，如图5－58所示。

（29）边框颜色为无颜色，填充颜色为黑色，单击椭圆工具绘制卡通的眼睛，如图5－59所示。

图5－58　　　　图5－59

（30）设置边框颜色为黑色，填充颜色为白色，单击椭圆工具绘制卡通眼睛的反光部分，最终效果如图5－60所示。

图5－60

练习：运用前面讲过的知识制作图5－61。

图5－61

第六章　混合与封套

本章重点讲解混合和封套效果的使用方法。使用混合效果可以产生颜色和形状的混合，生成中间对象的逐级变形；封套效果是 Illustrator 中很实用的一个命令，使用它可以很方便地改变选定对象的形状。

基础知识

6.1　混合工具

使用混合工具可以创建两个对象之间的区域步长，使一个对象的着色类型和形状逐渐变换为另一个对象的着色类型和形状。该工具可以在两个或两个以上的图形对象之间使用，如图 6－1 所示效果。

图 6－1

混合菜单下面的命令大大增强了混合功能。混合命令包括建立、释放、混合选项、扩展、替换混合轴、反向混合轴、反向堆叠，如图 6－2 所示。

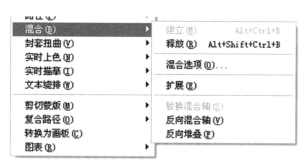

图 6－2

◆建立：对选定对象进行创建混合效果。

◆释放：对混合对象进行解除。

◆混合选项：在混合选项对话框中包括平滑颜色、指定的步数、指定的距离三种间距选项，如图 6-3 所示。步数分 4 和 10 两种不同的效果，如图 6-4 所示。

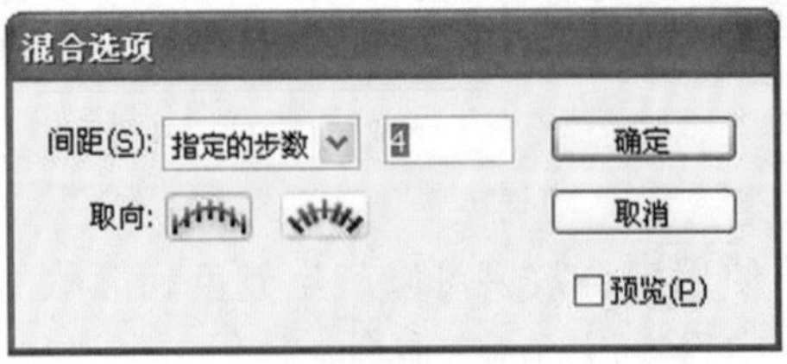

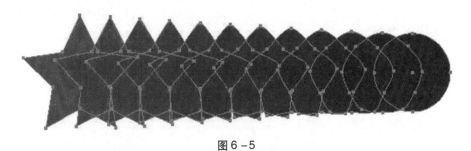

图 6-3 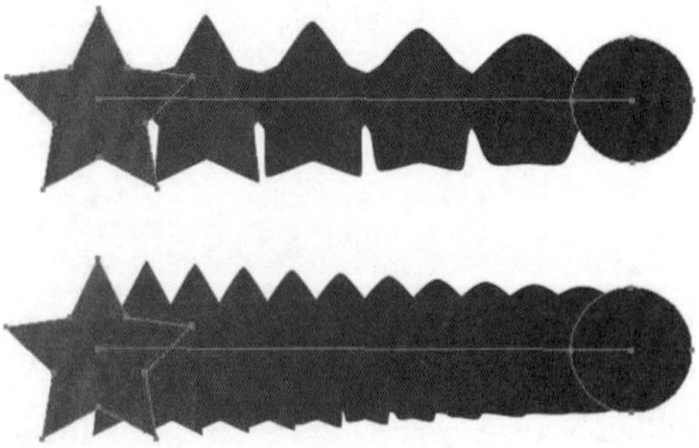 图 6-4

◆扩展：将混合对象展开为一大堆分开的图形，如图 6-5 所示。

图 6-5

◆替换混合轴：能够将一条选定路径应用于混合，如图 6-6 和图 6-7 分别表示替换前和替换后的效果。

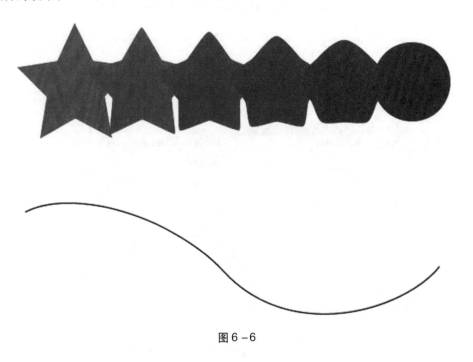

图 6-6

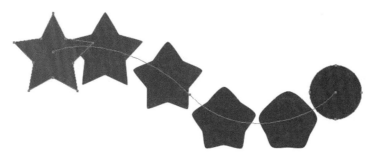

图 6-7

◆反向混合轴：能够反转混合对象的顺序，如图6-8所示。

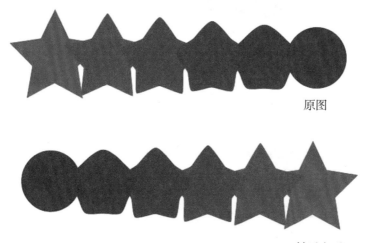

原图

轴反向后

图6-8

◆反向堆叠：能够改变混合对象的前后排列顺序，如图6-9所示。

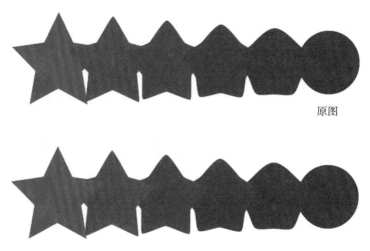

原图

反向堆叠

图6-9

6.2 封套效果

当对一个对象使用封套时，对象就像被放入一个特定的容器中，封套使对象的本身发生相应的变化，同时，还可以对其进行编辑。可以使用软件所给的封套图形调整对象，还可以使用自定义图形作为封套，如图 6 – 10 所示。

图 6 – 10

封套扭曲命令包括用变形建立、用网格建立、用顶层对象建立、释放、封套选项、扩展、编辑内容 7 项，如图 6 – 11 所示。

图 6 – 11

案例实训

6.3 渐变彩色线

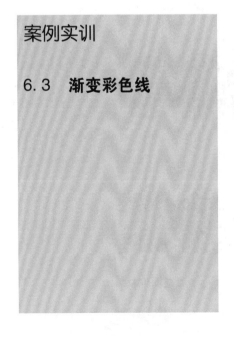

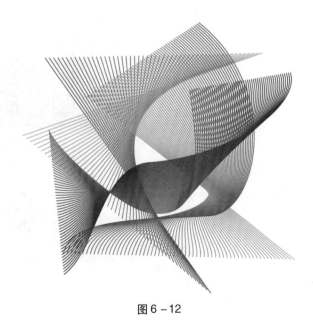

图 6 – 12

步骤1：

新建页面并用钢笔工具画出两条1pt的线段，确保绿色线在蓝色线上面，如图6－13所示。

步骤2：

用工具箱中的混合工具单击右边节点（图6－14），再单击左边节点（图6－15），得出如图6－16所示效果，接着在菜单"对象"→"混合"→"混合选项"中设置指定的步数为50，如图6－17所示。

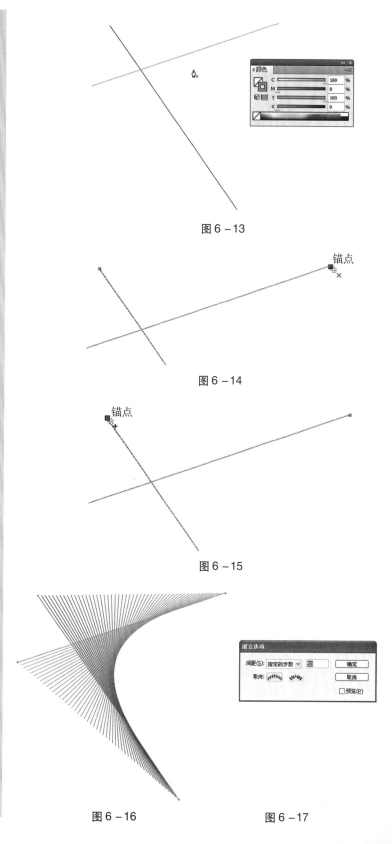

图6－13

锚点

图6－14

锚点

图6－15

图6－16   图6－17

步骤3：

以同样的方法，用钢笔工具画出两条 1pt 的线段，红色线在蓝色线上面，如图 6 – 18 所示。

图 6 – 18

步骤4：

同步骤 2 一样，用混合工具单击右边蓝色节点再单击左边红色节点，将得出如图 6 – 19 所示效果。

图 6 – 19

步骤5：

用钢笔工具画出两条线段，红色线在蓝色线上面，如图 6 – 20 所示。

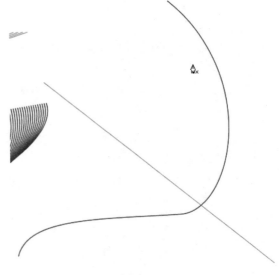

图 6 – 20

步骤6：

同步骤4一样，用混合工具单击右边红色节点再单击左边蓝色节点，得出如图6-21所示效果。

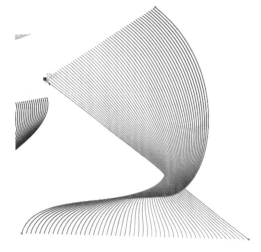

图6-21

步骤7：

用选择工具将它们的位置摆好，如图6-22所示效果。

图6-22

6.4 绘制柴火

图6-23

步骤 1：

用钢笔工具或画笔等绘制出柴火的底部和干柴并将其放置在画面底部，如图 6–24 所示。

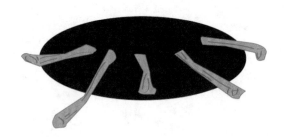

图 6–24

步骤 2：

用钢笔工具绘制出火焰并填充颜色为 Y = 100，如图 6–25 所示。

步骤 3：

复制一个火焰，颜色改为 M = 100、Y = 100，并将其放大，框选两个图形，选择菜单栏中的"⬛水平居中对齐"和"⬛垂直底对齐"，并将红色火焰图形置于底层，如图 6–26 所示效果。

图 6–25　　　　　图 6–26

步骤 4：

选择菜单栏中的"对象"→"混合"→"建立"创建对象的混合效果；然后选择菜单栏中的"对象"→"混合"→"混合选项"对混合对象进行编辑（参考数据：间距为指定的步数 = 5，如图 6–27 所示）。

步骤 5：

将火焰图形放到干柴图形上面，最终完成效果如图 6–28 所示。

图 6–27　　　　　图 6–28

6.5 "阳光明媚"立体字

图 6-29

步骤 1:

打开第六章素材文件夹中名为"阳光明媚"的文件,如图 6-30 所示。

图 6-30

步骤 2:

选住文字并执行菜单"对象"→"封套扭曲"→"用变形建立"命令,如图 6-31 所示。在出现的对话框中按图6-32 所示设置。

图 6-31

图 6-32

步骤 3:

接着执行菜单"对象"→"封套扭曲"→"扩展"命令,如图 6-33 所示。

图 6-33

步骤 4：

给文字填充颜色为 M = 100，接着复制一个放在下面并填充颜色为 Y = 100、M = 80，如图 6 – 34 所示。

图 6 – 34

步骤 5：

选住这两层文字并执行菜单栏中的"对象"→"混合"→"建立"命令，并将指定的步数设置为 5，如图 6 – 35 所示。

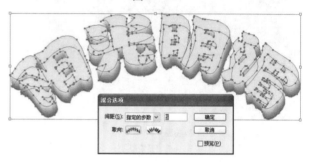

图 6 – 35

步骤 6：

用椭圆工具画出两个边线粗细为 13pt 的同心圆，如图 6 – 36 所示。

图 6 – 36

步骤 7：

选住这两个圆并执行菜单栏中的"对象"→"混合"→"建立"命令，并将指定的步数设置为 5，如图 6 – 37 所示。

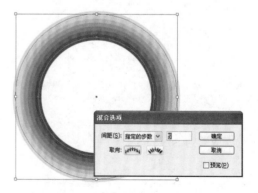

图 6 – 37

步骤8：

用钢笔工具画矩形并填充渐变颜色，设置渐变类型为线性，角度为－90，如图6－38所示。

图6－38

步骤9：

执行菜单栏中"效果"→"SVG 滤镜"→"高斯模糊4"命令，如图6－39所示。

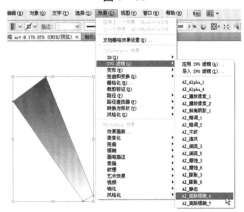

图6－39

步骤10：

复制两个矩形并放好其位置，如图6－40所示。

图6－40

步骤11：

将以上制作的三个效果图的位置放好，最终完成效果如图6－41所示。

图6－41

第七章　文字编辑

本章主要介绍 Illustrator 的文字编辑工具。作为一种设计元素，文字在平面设计中扮演着非常重要的角色，文字和其他对象一样，也可以给它上色，对其进行缩放、旋转等。通过本课学习，你将在 Illustrator 中运用文字编辑工具创建各种有趣的文字效果。

基础知识

7.1　文字工具的介绍

Adobe Illustrator 文字编辑功能是该软件最强大的功能之一，我们可以在设计稿中添加单行文字、创建多列和多行文字、将文字排成形状或沿路径排列文字以及把文字当作图形一样使用。

Illustrator 提供了 6 种文字工具，如图所示，前面 3 个工具用于处理横排文字，后面 3 个工具用于处理直排文字。

T 表示水平文字工具，**IT** 表示直排文字工具；**Ⓣ** 表示区域文字工具，**Ⓣ** 表示直排区域文字工具；**↙** 表示路径文字工具，**↖** 表示直排路径文字工具。

7.2　置入和输入、输出文字

Illustrator 中输入文字有三种方法，第一种是用文字工具输入文字；第二种是从其他文档编辑软件中复制文字信息，然后粘贴到 Illustrator 中；第三种是使用菜单"文件"→"置入"命令让其他软件如 Word、Excel、Txt 等生成文字信息。

7.2.1　直接输入文字

7.2.1.1　点文字

使用水平文字工具 **T** 或直排文字工具 **IT** 在文档上单击左键，就会出现闪动文字插入光标，这个时候可以创建点文字。

7.2.1.2　区域文字

有两种方法可以创建区域文字，分别是：

（1）使用水平文字工具 **T** 或直排文字工具 **IT** 在页面上单击并拖曳，得到的矩形区域就是所创建的文字框，如图 7 - 1 所示。

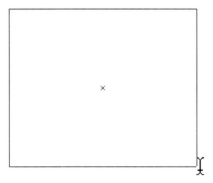

图 7 – 1

（2）单击创建好的图形：绘制一个图形，使用水平文字工具 **T** 或直排文字工具 **IT**、区域文字工具 **T**、直排路径文字工具 ，单击绘制图形的内部，得到区域文字，如图7 – 2 所示。

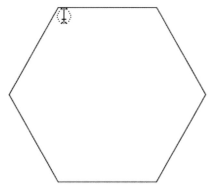

图 7 – 2

7.2.2 路径文字

使用水平文字工具 **T** 或路径文字工具 在路径上单击可创建水平路径文字；使用直排文字工具 **IT** 或直排路径文字工具 在路径上单击可创建直排路径文字，如图7 – 3 所示。

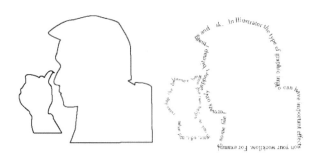

图 7 – 3

7.2.3 置入命令将文字导入

将已经编辑好的文字（＊.doc、＊.RTF、＊.txt）置入 Illustrator 中，可选择"文件"→"置入"命令，在弹出对话框中选择是否保持原来的样式等。

7.3 字符面板

执行菜单"窗口"→"文字"→"字符"命令将字体面板调出，在字符面板中可以对选中的文字符号进行字体、大小、间距、旋转、倾斜等的设置。

7.4 段落面板

执行菜单"窗口"→"文字"→"字符"命令将段落面板调出，段落面板可以设置段落文字对齐、缩进、基线对齐、首字下沉、禁排规则和字符间距等，放大字体快捷键为"Ctrl + Shift + >"，缩小字体快捷键为"Ctrl + Shift + <"。

案例实训

7.5 使用文字设计宣传单张

（1）选择菜单"文件"→"新建"，在打开的对话框中，设置画板数量为2，单位为毫米，宽高度尺寸为220mm×280mm，出血为3mm，如图7－4所示。

（2）对创建的第二个页面进行修改，打开菜单"文件"→"文档设置"，在弹出的对话框中单击右上角"编辑画板"，单击第二个页面，在属性栏右上角设置尺寸，将第二个页面宽高度尺寸设置为 150mm × 100mm，并向上移动，与第一个页面对齐，按 ESC 键回到视图页面，如图7－5所示。

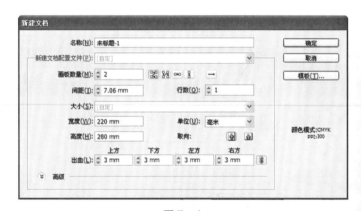

图 7 – 4

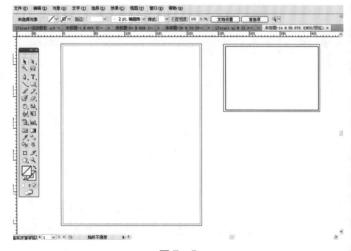

图 7 – 5

（3）选择"文件"→"打开"，在打开的对话框中，选择本章节所带的文件"L7start－运动剪影.ai"文件，如图7－6所示。

（4）将运动剪影和背景素材复制到新建的页面中，并调好大小，单击矩形工具，在页面左上角和页面下部分绘制图形，填充颜色为：C＝89、M＝61、Y＝0、K＝0，选择"对象"→"全部锁定"，将背景色块和背景图锁定，如图7－7所示。

图7－6　　　　　　　图7－7

图7－8

（5）选择水平文字工具 **T** 并单击页面左下角的人物剪影的左上方，光标将出现在画板中，输入"info@ trans formyoga. com"，调整字体和文字的大小，如图7－8所示。

（6）创建区域文字，选择水平文字工具 **T**，在运动剪影的上方从左上角拖曳到右下角以创建一个矩形，如图7－9所示。

图7－9

（7）输入文字"1000 Lombard Ave. Central，Washington"，将这些文本在文字对象内换行，用选择工具选择外框进行调整，如图7－10所示。

图7－10

（8）打开菜单"窗口"→
"字符"，在字符面板中设置字
体为 Myriad Pro、字号为 12pt，
在段落面板中设置对齐方式为
居中，如图 7–11 所示。

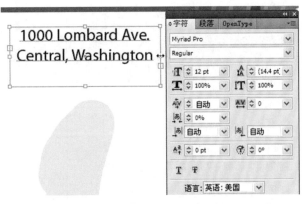

图 7–11

（9）置入文本文件，可以
将其他文档编辑程序中的文本
导入到图稿中，导入将保留其
字符和段落格式。使用水平文
字工具 **T** 单击第一个页面下部
分 的 蓝 色 区 域，如 图
7–12 所示。

（10）打开菜单"文件"→
"置入"，选择"L7copy.txt"文
件，单击"置入"，弹出"文本
导入选项"对话框，如图 7–
13，导入文本前设置选项，保
留默认设置并单击"确定"按
钮，得到置入文字，如图 7–14
所示。

图 7–12

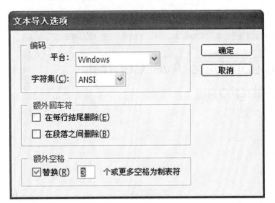

图 7–13

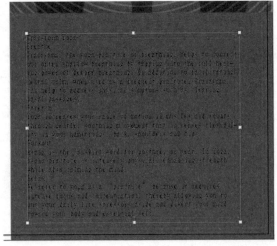

图 7–14

（11）用选择工具选取创建的文字框，选择"文字"→"区域文字选项"，弹出对话框，选中"预览"，在"列"部分将"数量"更改为2，单击确定，如图7-15所示。

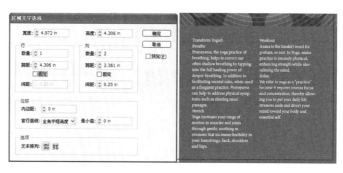

图 7-15

（12）用文字工具单击选框内，按组合键"Ctrl＋A"全选，将字体颜色更改为白色，设置字体为 Minion Pro，字号为13pt，字体样式为 Regular，如图7-16 所示。

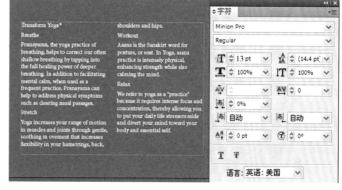

图 7-16

（13）创建和使用字符样式与段落样式，字符样式与段落样式的区别是字符样式只能应用于选定文本，而段落样式将属性应用于整个段落。

（14）使用文字工具选择第一栏中的 Transform Yoga©，设置字体为 Minion Pro，字体样式为 Bold，字号为13pt，颜色为白色，如图7-17所示。

图 7-17

（15）在菜单"窗口"→"文字"中打开字符样式，在字符样式面板右下角单击"创建新样式"，如图7-18 所示。

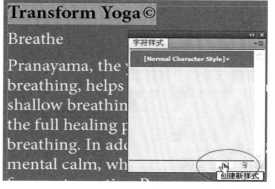

图 7-18

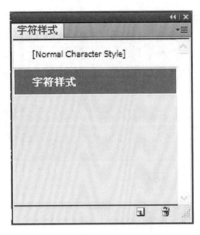

图 7 – 19

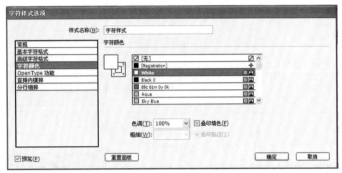

图 7 – 20

（16）字符样式面板有"字符样式"一栏，这个样式是刚才所选的字体格式属性的集合，使用字符样式可节省时间，还可确保格式的一致性，如图 7 – 19 所示。

（17）需要编辑"字符样式"的内容，可以选中该栏，在面板右上角单击"字符样式"选项，弹出编辑面板，我们可以在里面重新编辑它，如图 7 – 20 所示。

（18）使用文字工具选择第二栏中的 Breathe，单击字符面板中刚才创建的"字符样式"，蓝色处于选中状态并出现"＋"符号，单击"字符样式"栏就可以将刚才的样式应用到该字体上，如图 7 – 21 所示。

（19）使用文字工具选择下面每一段落中的标题 Stretch、Workout、Relax 应用"字符样式"，如图 7 – 22 所示。

图 7 – 21

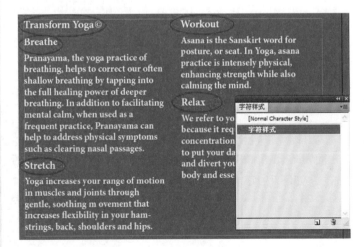

图 7 – 22

（20）选中第一段落首单词，将其字体颜色设置为：C＝5、M＝25、Y＝83、K＝0，定义字符样式，名称为"句首＋"，如图7－23所示。

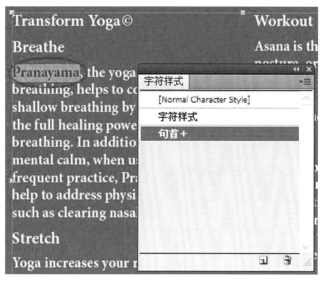

图7－23

（21）将刚才定义的字符应用到每一段落首单词，如图7－24所示。

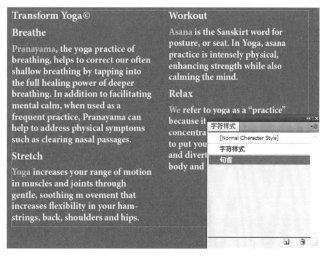

图7－24

（22）使用封套变形调整文本的形状，它扭曲选定对象或调整其形状。使用水平文字工具 T 单击文本下方，输入文本"transform"，在字体面板中将字体设置为 Myriad Pro，将字符样式设置为 Bold Condensed，将字体大小设置为47，颜色为白色，如图7－25所示。

图7－25

（23）使用选择工具 选取 transform 文本，在属性栏面板中单击"制作封套"按钮 。在"变形选项"对话框中，选中"预览"，文本将呈现弧形。

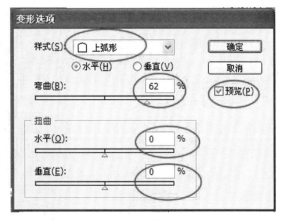

图 7 - 26

（24）在样式列表中选择"上弧形"，点击"弯曲"滑块向右滑动，预览文本向上弯曲效果，扭曲水平和垂直数值为0，如图 7 - 26 所示。

（25）用选择工具选取变形文本 transform，打开菜单"对象"→"封套扭曲"→"编辑内容"（Ctrl + Shift + V），设置描边颜色为：C = 5、M = 25、Y = 83、K = 0，效果如图 7 - 27 所示。

图 7 - 27

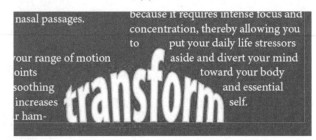

图 7 - 28

（26）使变形文本 transform 处于选中状态，沿对象绕排，用选择工具选取变形文本 transform，打开菜单"对象"→"文本绕排"→"建立"，效果如图 7 - 28 所示。

（27）如果想调整绕排位置，打开菜单"对象"→"文本绕排"→"文本绕排选项"，弹出选项面板，我们可以据此调整绕排位移参数，如图7 - 29 所示。

图 7 - 29

（28）在第一个页面左上角用椭圆工具绘制正圆，设置填充为无颜色，描边为黑色，效果如图7－30所示。

（29）单击路径文字工具，将鼠标指向路径的左端点，此时鼠标变成插入点，确定文字路径的起点，输入文字"transform yoga"，按"Ctrl + T"弹出字符面板调整字体为Myriad Pro，字号为36pt，打开"段落面板"，"Ctrl + Alt + T"调整文字的位置，如图7－31所示。

（30）在第一个页面背景图上用钢笔工具绘制正圆，设置填充为无颜色，描边为黑色，如图7－32所示。

（31）选择路径文字工具，将鼠标指向路径的起点并单击，输入文字"breathe · stretch · workout · relax · transform yourself"，调整文字字号，设置字体为白色，如图7－33所示。

图7－30

图7－31

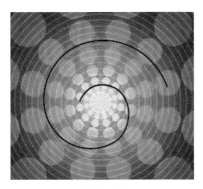

图7－32

图7－33

（32）将运动剪影的元素复制到第二个页面，单击矩形工具绘制矩形，填充颜色为：$C = 89$、$M = 61$、$Y = 0$、$K = 0$，如图 7 − 34 所示。

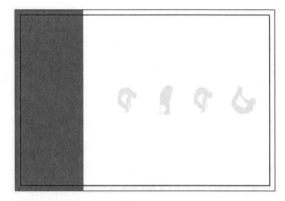

图 7 − 34

（33）将背景图复制到矩形框底层，调整背景图大小，如图 7 − 35 所示。

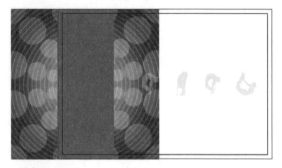

图 7 − 35

（34）用选择工具先选取矩形框，按 Shift 键再选取背景图，点击菜单"对象" → "裁切蒙版" → "建立"（Ctrl + 7），得到如图 7 − 36 所示效果。

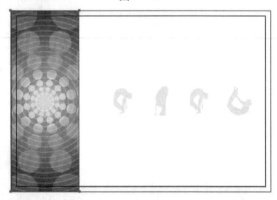

图 7 − 36

（35）单击矩形工具，绘制与原矩形一样大小的图形，填充颜色为：$C = 89$、$M = 61$、$Y = 0$、$K = 0$，设置透明度为 40%，如图 7 − 37 所示。

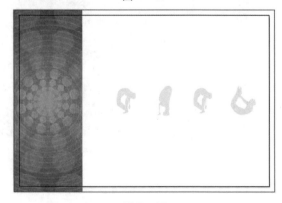

图 7 − 37

（36）使用点文字创建文本。使用水平文字工具 **T** 直接在页面上单击就会出现闪动的文字光标，此时输入文字即可创建点文字。点文字是单行文字，它将不断向右延伸，直到停止输入或回车。

（37）选择水平文字工具 **T** 并单击页面第二页面左边，单击出现闪动光标，输入文字"transform yourself"，按组合键"Ctrl + T"弹出字符面板，设置字号为44pt，如图7−38所示。

（38）点击菜单"窗口"→"变换"，在弹出的面板中设置旋转角度为90度，将文本移到左边色块栏。打开"窗口"→"透明度"调整文字透明度，效果如图7−39所示。

（39）使"transform yourself"文本处于选中状态，打开菜单"文本"→"创建轮廓"（Ctrl + Shift + O），转换的轮廓就不能作为可编辑的文本，当第三方打开设计稿时，即使没有安装相应的字体软件也会让字体格式改变，使用直接选择工具选取时会发现文字边框多了很多节点，如图7−40所示。

（40）进入第二个页面，设置工具栏下方颜色的填充色、描边色为无颜色，选择工具箱中的矩形工具 ▭,，在页面左上角单击，并向右拖曳创建矩形，在框内单击文字工具时会出现闪动光标，如图7−41所示。

图7−38

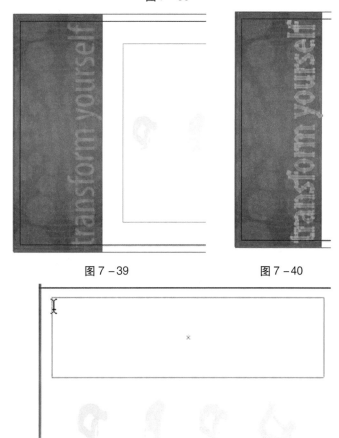

图7−39　　　　　　　　图7−40

图7−41

（41）打开菜单"文件"→"置入"，选择"yoga _ pc. doc"文件，单击"置入"，弹出"文本导入选项"对话框，单击"确定"按钮。由于导入的是Word文档，因此有更多的选项可供选择，不要选"移去文本格式"复选框，保留其他默认设置并单击"确定"。在文件中导入文本的优点在于文本将保留其字符和段落格式，如图7-42、7-43所示。

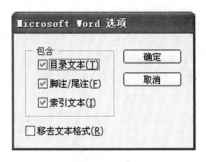

图7-42

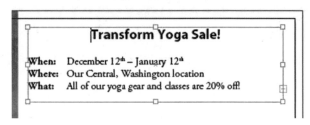

图7-43

（42）在文字区域右下角会显示一个红色加号，这表明该文字区域还有文本不能完全显示，我们称为溢流文本，可以通过调整文字区域的大小或将文本串接到另一个文字区域的办法消除。使用选择工具单击文字区域的红色加号 申，此时鼠标变成加载文本图标 ，如图7-44所示。

图7-44

（43）单击运动剪影并将其拖曳到参考线的右下角，如图7-45所示。

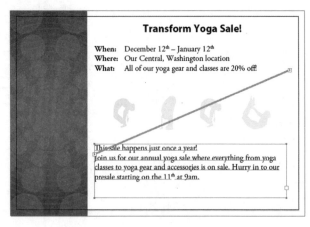

图7-45

（44）在第二个页面上用钢笔工具绘制曲线，效果如图7-46所示。

（45）单击路径文字工具 ，将鼠标指向路径的左端点，此时鼠标变成插入点 ，表明可以确定文字路径的起点，如图7-47所示。

（46）输入文字"breathe·stretch·workout·relax·transform yourself"，按组合键"Ctrl + T"弹出字符面板，调整字体为Myriad Pro，字号为20pt，如图7-48所示。

（47）点击菜单"文件"→"保存"，完稿。

安装字体：
·PC机安装字体方法：将字体复制到［启动盘］\ Windows \ Fonts。
·MAC安装字体方法：将字体复制到［启动盘］\ Library \ Fonts \ 。

图7-46

图7-47

图7-48

第八章　图表制作

本章主要介绍 Illustrator 创建各种图表的方法。为了获得对各种数据的统计和比较直观的视觉效果，人们通常用图表来表达数据，Illustrator 提供了丰富的图表类型和强大的图表功能，用户在使用图表对数据进行统计和比较时，会得心应手，图表既有数据的精确又有图形的直观等优点。

基础知识

8.1　创建图表

第一种方法：在工具箱中选择柱状图表工具，在页面中单击鼠标左键，直接在页面上拖动，根据需要设置矩形的大小。

第二种方法：在工具箱中选择条状图表，在页面中单击鼠标左键，弹出图表对话框，在此对话框中输入图表的宽度和高度，如图 8－1 所示。

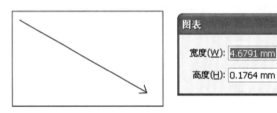

图 8－1

8.1.1　图表数据输入框

图表的大小设定后，弹出符合设计形状和大小的图表与图表数据输入框，在数据输入栏行中输入数据 2.00、9.00、6.00、12.00、4.00，简单的图表就产生了，如图 8－2 所示。

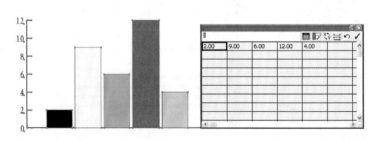

图 8－2

8.1.2 图表数据的修改

使用选择工具选中图表,执行"对象"→"图表"→"数据"命令,弹出图表数据输入框,在此输入框中修改要改变的数据,然后单击右边的提交按钮,再关闭输入框。

在此表中第一列输入广东省各地级市名称,第二列输入各市人口密度,单击提交按钮,在图表下面加上标题,如图8-3、8-4所示。

在数据框中输入数据有三种方法:

(1) 直接在数据输入栏中输入数据;

(2) 从其他文档中复制并粘贴将数据输入;

(3) 在面板中导入其他软件保存的数据。

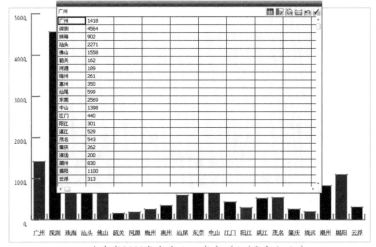

广东省2009年各市人口密度(人/平方公里)

图8-3

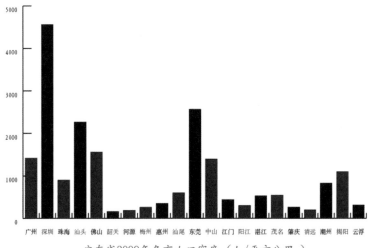

广东省2009年各市人口密度(人/平方公里)

图8-4

8.2 图表类型

使用选择工具选中图表,执行"对象"→"图表"→"类型"命令,弹出"图表类型"对话框,Illustrator中共有9种类型,选择所需要的类型单击"确定"就可以进行更改,如图8-5所示。

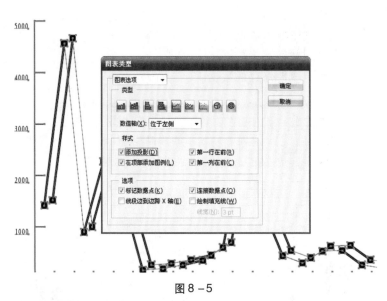

图8-5

8.3 自定义图表

除了Illustrator中自带的9种类型外,也可以自定义图表图形、图案,使图表显得更为生动、直观、个性化。

图表制作完成后,行距会自动生成,如果想更改图表的单个元素,可以单击选择工具选择该图表要更改的部分进行更改,为了使图表显得更为生动,可以定义图表的图像。

案例实训

8.4 历年植树统计

(1)使用绘制工具绘制图形,或在符号面板中调用自然符号,如图8-6所示图形。

(2)选中自然符号图形,执行"对象"→"图表"→"设计"命令,弹出"图表设计"对话框,如图8-7所示。

图8-6   图8-7

（3）单击对话框中的"新建设计"按钮，在左上角的空白框中出现"新建设计"文字，在下面的预览框中出现图案的预览图，如图8－8所示。

● 如果想改变这个名称，单击"重命名"按钮。

● 如果想修改已经定义好的图表设计，执行"对象"→"图表"→"设计"命令，在弹出的"图表设计"对话框中单击"粘贴设计"按钮，图表设计就会被贴到页面上，这时可以对图表进行修改后再重新定义。

（4）图表设计定义完成后，可以执行"对象"→"图表"→"柱形图"命令使用这个设计表现图表，首先选择工作页面上的图表，如图8－9所示。

（5）执行"对象"→"图表"→"柱形图"命令，弹出"图表列"对话框，在其左上角的窗口中选择定义好的图表名称，在对话框右边出现图案的预览图，如图8－10、8－11所示。

（6）单击"图表列"对话框中"列类型"后面的黑色小三角，在弹出的菜单中包含4个选项，选择"重复堆叠"，参数设置为8，得到如图8－12所示效果图形。

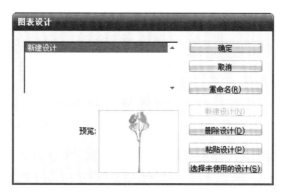

图8－8

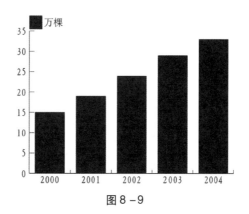

图8－9

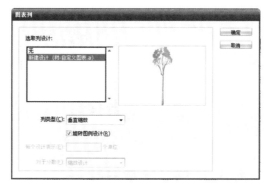

图8－10

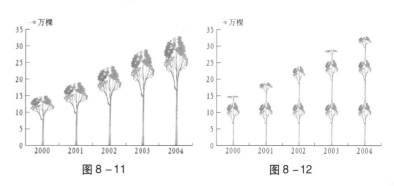

图8－11　　　　　　　　　　图8－12

第九章　图层与蒙版

本章重点讲解图层与蒙版的使用方法。掌握图层和蒙版的功能可以帮助读者在图形设计中提高效率，有利于快速、准确地设计制作出精美的平面设计作品。

基础知识

9.1　图层

在设计复杂的图形时，需要在页面创建多个对象，每个对象的大小不一致，小的对象可能隐藏在大的对象下面，因此选择和移动对象就很不方便。使用图层进行管理就可以很好地解决这些问题。选择菜单"窗口"→"图层"命令，弹出"图层控制面板"，如图9-1所示。

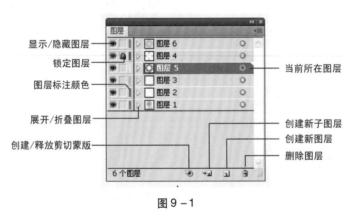

图9-1

9.1.1　创建、复制、删除图层

◆创建图层：点击"图层控制面板"下方的创建新图层按钮 。

◆复制图层：将需要复制的图层拖拉到"图层控制面板"下方的创建新图层按钮 。

◆删除图层：将需要删除的图层拖拉到"图层控制面板"下方的删除图层按钮 。

9.1.2　隐藏、锁定、合并图层

◆隐藏图层：点击想要隐藏的图层左侧的眼睛图标 ，图层被隐藏。再次点击会重新显示。

◆锁定图层：点击图层左侧方框中的锁定图标 ，图层被锁定。再次点击会重新解锁。

◆合并图层：在"图层控制面板"中选择需要合并的图层，点击右上方的图标 ，在

弹出的菜单中选择"合并所选图层",如图 9 - 2 所示。

图 9 - 2

9.2 蒙版

在 Illustrator 中,可以通过绘制蒙版来蒙住对象的某些部分,蒙版内部显示被蒙住对象的内容,外部遮挡被蒙住对象的其他部分。蒙版必须位于被蒙住对象的上面,可以是开放路径、闭合路径或复合路径,如图 9 - 3 所示。

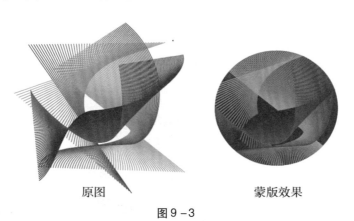

原图　　　　　　　　　　蒙版效果

图 9 - 3

◆建立蒙版:选择蒙版及要蒙住对象,执行菜单"对象"→"剪切蒙版"→"建立"命令,如图 9 - 4 所示,可得到如图 9 - 5 所示效果。

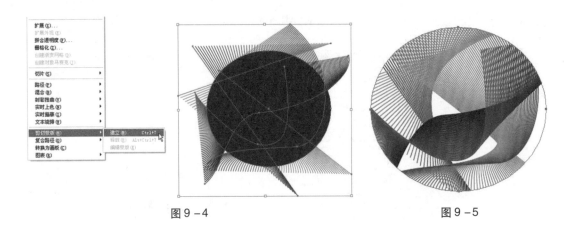

图9－4　　　　　　　　　　　　　　　图9－5

◆释放蒙版：选择蒙版及要蒙住对象，执行菜单"对象"→"剪切蒙版"→"释放"命令。

案例实训

9.3　请柬设计

图9－6

步骤1：

新建一张A4的页面，利用矩形工具画出不同大小的矩形，并填充深浅不同的红色，如图9－7所示效果。

步骤2：

打开第九章素材文件夹中名为"xiahua.ai"的文件，选择文件中花朵部分并将它复制到本页面，如图9－8所示效果。

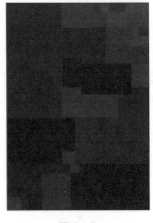

图9－7

图9－8

步骤3：

用矩形工具画一个跟页面大小重叠的黑色边框矩形，用选择工具将花朵和矩形一起选中并执行菜单栏中"对象"→"剪切蒙版"→"建立"命令，如图9-9所示，便可得出如图9-10所示效果。

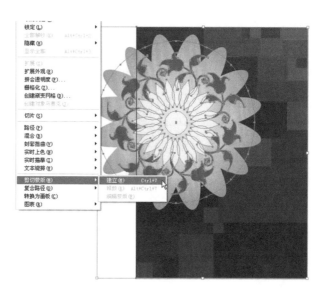

图9-9

步骤4：

回到刚才打开的文件"xi-ahua.ai"，将文件中的文字复制到本页面，便可得出如图9-11所示效果。

图9-10　　　　　　　　　图9-11

9.4　AI封面设计

图9-12

步骤1：

新建页面并用钢笔工具画出两条分别是绿色和蓝色、粗细为1pt的线段，绿色线在蓝色线上面，如图9-13所示。

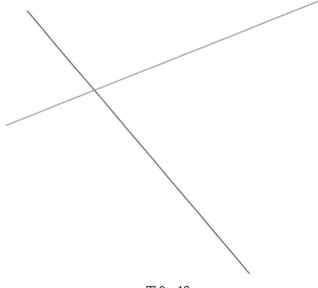

图9-13

步骤2：

在菜单栏"对象"→"混合"→"混合选项"中设置指定的步数为50，如图9-14所示。

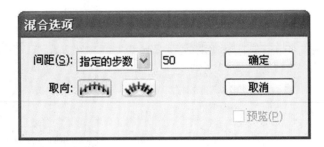

图9-14

步骤3：

用工具箱中的混合工具 单击右边节点再单击左边节点，将得出如图9-15所示的效果。

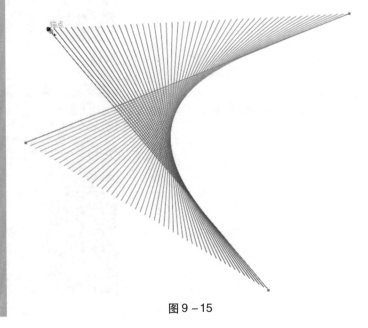

图9-15

步骤4：

使用以上同样方法，用钢笔工具画出两条1pt的线段，红色线在蓝色线上面，如图9-16所示。

图9-16

步骤5：

用混合工具 单击左边节点再单击右边节点，将得出如图9-17所示的效果。

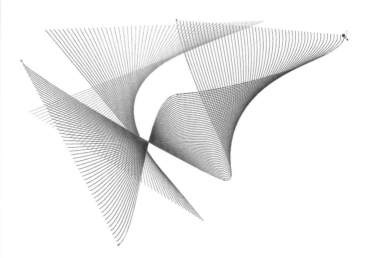

图9-17

步骤6：

使用以上同样方法，用钢笔工具画出两条1pt的线段，橘红色线在浅蓝色线上面，如图9-18所示。

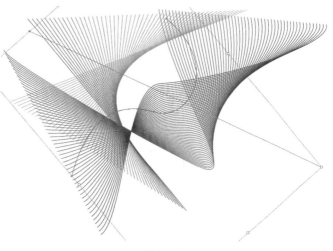

图9-18

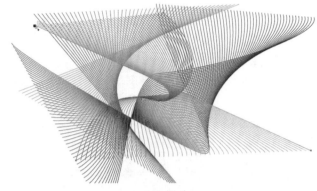

步骤7：

用混合工具 单击右边节点再单击左边节点，将得出如图9－19所示的效果。

图9－19

步骤8：

用矩形工具画出如图9－20所示矩形。

图9－20

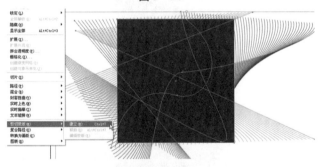

步骤9：

用选择工具框选全部，并执行菜单栏中"对象"→"剪切蒙版"→"建立"命令，如图9－21所示，便可得出如图9－22所示效果。

图9－21

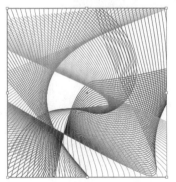

图9－22

步骤10：

用编组选择工具选择矩形边框并填充颜色为：C = 100、M = 100，如图 9 – 23 所示。

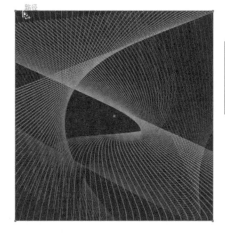
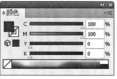

图 9 – 23

步骤11：

用矩形工具画出如图9 – 24所示矩形，颜色为K = 30。

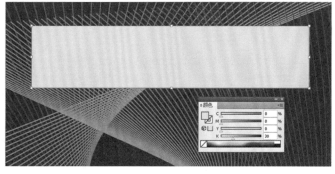

图 9 – 24

步骤12：

用文字工具输出文字并在菜单栏中执行"文字"→"创建轮廓"命令，如图9 – 25所示效果。

图 9 – 25

步骤13：

用直接选择工具调节好文字，如图 9 – 26 所示效果。

图 9 – 26

步骤 14：

执行菜单栏中"对象"→"复合路径"→"建立"命令，如图 9 – 27 所示，便可得出如图 9 – 28 所示效果。

图 9 – 27

图 9 – 28

步骤 15：

用以上步骤 12 ~ 14 的方法，制作出如图 9 – 29 所示效果。

图 9 – 29

最终完成效果如图 9 – 30 所示。

图 9 – 30

9.5 "雅阁"标志设计

图 9 – 31

步骤 1：

用直线工具画一条粗细为 3pt，颜色为 $Y=100$、$M=50$ 的平行直线，画时左手按住 Shift 键，如图9 – 32 所示。

图 9 – 32

步骤 2：

用选择工具将平行线垂直向下移动并复制一条，移动时左手按住"Shift + Alt"键确保平行线垂直复制，接着重复复制动作多次，直到出现如图9 – 33 所示效果。

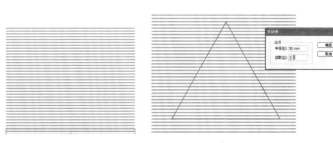

图 9 – 33   图 9 – 34

步骤 3：

用多边形工具画一个三角形，如图9 – 34 所示。

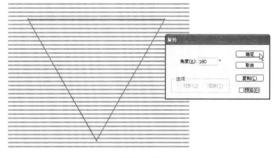

步骤 4：

用旋转工具将三角形旋转 180 度，如图9 – 35 所示。

图 9 – 35

步骤 5：

用选择工具框选平行线和三角形并执行菜单栏中"对象"→"剪切蒙版"→"建立"命令，如图 9－36 所示，便可得出如图 9－37 所示效果。

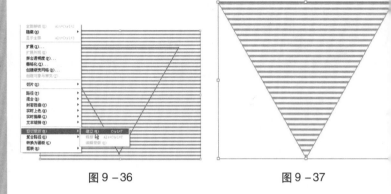

图 9－36   图 9－37

步骤 6：

新建图层 2，选择椭圆工具画一个粗细为 5pt 的正圆形，如图 9－38 所示。

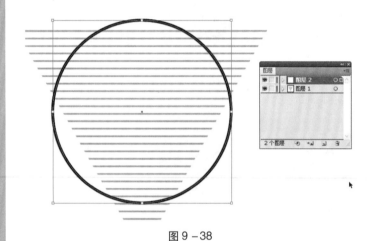

图 9－38

步骤 7：

将正圆形填充色设置为黑白渐变色，类型为线性，角度为 115，如图 9－39 所示。

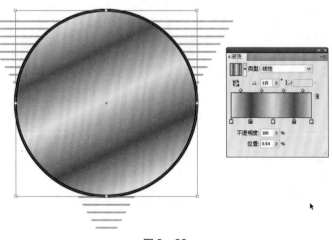

图 9－39

步骤8：

将图层2复制，把正圆形填充色改为透明色，描边不变，如图9-40所示。

步骤9：

选择正圆形执行"Ctrl + C"和"Ctrl + F"命令，复制一个正圆形并贴在上面，将其描边颜色改为白色，粗细改为0.1pt，如图9-41所示。

步骤10：

执行菜单栏中的"对象"→"混合"→"混合选项"命令，将指定的步数改为30，如图9-42所示。

步骤11：

框选这两条线并用混合工具 单击上面节点再单击下面节点，如图9-43所示，便可得出如图9-44所示渐变立体线效果。

步骤12：

新建图层4，在图层4中画一个正圆形并填充颜色为：C = 100、M = 10、Y = 50，边线为5pt黑色，如图9-45所示。

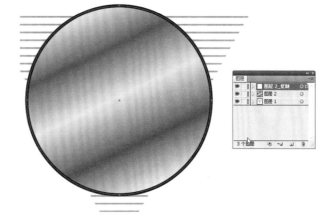

图9-40

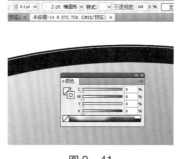

图9-41

图9-42

图9-43

图9-44

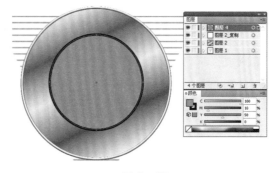

图9-45

步骤 13：

将图层 4 复制，把正圆形填充色改为透明色，描边不变。接着按照步骤 9～11 的方法，便可得出如图 9-46 和图 9-47 所示效果。

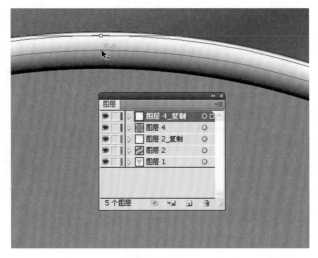

图 9-46

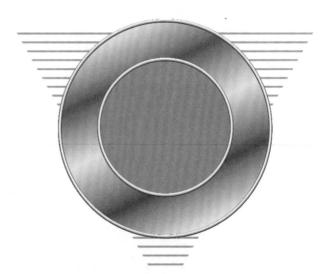

图 9-47

步骤 14：

新建图层 6，用文字工具输入"雅阁"两个字，大小为 120pt，颜色为：C = 100、M = 70、Y = 70，如图 9-48 所示。

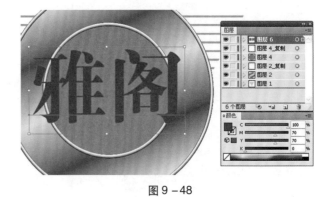

图 9-48

步骤 15：

选择文字并执行"Ctrl + C"和"Ctrl + B"命令，复制文字并贴在后面，将贴在后面的文字填充色改为白色并移动成如图 9 – 49 所示效果。

图 9 – 49

最终完成效果如图 9 – 50 所示。

图 9 – 50

第十章　滤镜效果

本章主要讲解 Illustrator 的效果命令，了解并利用效果菜单提供的各种命令来设计制作各类效果，滤镜是用于产生位图和矢量图的特殊效果工具，一张图像或图形经过滤镜处理后能产生丰富多彩的效果。

基础知识

10.1　滤镜概述

在滤镜菜单下的滤镜选项分为三栏。第一栏为重复执行上一次滤镜处理命令或继续使用此滤镜编辑图像。第二栏为 Illustrator 滤镜。第三栏为 Photoshop 滤镜。在菜单栏中各滤镜命令可以同时应用于矢量和位置对象的命令有：3D、SVG 滤镜、变形、扭曲和变换、投影、羽毛、内发光、外发光，如图 10－1 所示效果菜单。另外 Illustrator 滤镜也支持第三方外挂滤镜，只要把外挂滤镜文件安装到目录为 Plug-Ins 的文件夹中重新启动，这些滤镜的命令就会在"效果"菜单底部出现。

10.2　应用效果

选择所要应用滤镜的对象或组，在菜单中选择滤镜中的一个命令即可。如果想对一个对象的特定属性应用描边，先选择该对象，并在外观面板"添加新效果"中选择需要应用滤镜的命令。如果想取消滤镜效果，选择在外观面板右下角的应用效果，单击垃圾桶就可以将该滤镜删除，恢复到原来状态。

图 10－1　效果菜单

10.2.1　扭曲和变换

滤镜中的扭曲和变换命令可以对矢量图形进行各种变形处理，应用滤镜前我们先准备一个要变化的图形。

（1）在工具栏选择椭圆工具绘制正圆，该圆为黑色描边，填充颜色为无。

（2）在工具栏选择钢笔工具，设置填充颜色为无，描边为黑色，沿正圆外围和内圈描绘。

（3）重复上一步的操作，描绘另外一个不规则的圆，将三条线选中，执行"对象"→"编组"命令，将其组成群组对象。

（4）在工具栏一栏的编组里选中中间的正圆，按 Delete 键将它删除，如图 10－2 所示。

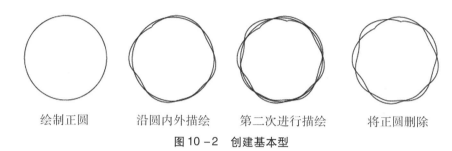

绘制正圆　　　　沿圆内外描绘　　　第二次进行描绘　　　将正圆删除

图 10－2　创建基本型

（5）选中绘制的不规则圆，执行"对象"→"变换"→"缩放"命令，将其进行复制并缩小。

（6）在弹出的对话框中，将"等比"比例缩放设置为 82%，单击复制得到缩小图形。

（7）重复上一步的操作，将"等比"比例缩放设置为 80%，单击复制得到缩小图形。

（8）再次重复缩放，将"等比"比例缩放设置为 78%，单击复制得到缩小图形，如图 10－3 所示。

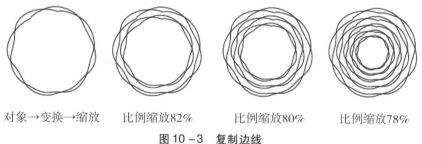

对象→变换→缩放　　比例缩放82%　　　比例缩放80%　　　比例缩放78%

图 10－3　复制边线

（9）用组选择工具选择花朵中的一条路径，执行"对象"→"变换"→"缩放"命令，等比例缩放设置为 70%，单击复制得到缩小图形，不断重复得到小圆心，如图10－4 所示。

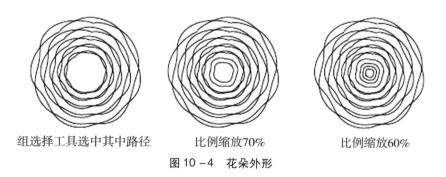

组选择工具选中其中路径　　　比例缩放70%　　　比例缩放60%

图 10－4　花朵外形

（10）打开渐变面板，渐变类型选择"径向"，将第一块渐变滑块位置移到50%，第二块渐变滑块位置移到100%，如图10-5所示。

图10-5　滑块位置

（11）将第一块渐变滑块颜色设置为：C=0.9、M=100、Y=0、K=0，第二块渐变滑块颜色设置为：C=1.8、M=34、Y=0、K=0，如图10-6所示。

图10-6　设置颜色值

（12）将创建的颜色保存到颜色面板中，选择花朵图形，单击颜色面板中刚才创建的颜色将它应用到花朵上。把花朵的图形黑色描边设置为无颜色，复制图形并在渐变面板中对颜色进行更改，如图10-7所示。

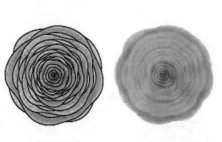 

渐变色应用　　　　描边设置为无颜色

图10-7　渐变色应用花朵效果

10.2.2 收缩和膨胀

选择要变形的矢量图形，执行"滤镜"→"扭曲和变换"→"收缩和膨胀"命令，弹出"收缩和膨胀"对话框，拖动对话框中滑动栏的小三角图标使其移动，小三角移动方向不同，得到的变形图形也不同，如图 10-8 所示。

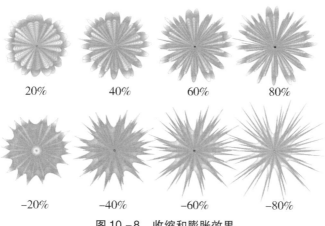

20% 40% 60% 80%

-20% -40% -60% -80%

图 10-8 收缩和膨胀效果

10.2.3 粗糙化

执行"滤镜"→"扭曲和变换"→"粗糙化"命令可使图形的边缘变得粗糙，同时图形的节点增多，当把文字转化成图形后再执行此命令会得到特殊的文字效果。下图为执行"粗糙化"命令时使用不同的参数的结果。

尖锐

大小：5% 大小：10% 大小：15% 大小：20%
细节：5英寸 细节：10英寸 细节：15英寸 细节：20英寸

平滑

大小：5% 大小：10% 大小：15% 大小：20%
细节：5英寸 细节：10英寸 细节：15英寸 细节：20英寸

图 10-9 粗糙化效果

10.2.4 扭拧

"滤镜"→"扭曲和变换"→"扭拧"命令中的水平和垂直分别代表水平和垂直方向的位移量，图 10-10 为使用不同的参数的结果。

水平：5%　　　　　水平：10%　　　　　水平：20%　　　　　水平：30%
垂直：5%　　　　　垂直：10%　　　　　垂直：20%　　　　　垂直：30%

图 10 – 10　扭拧效果

10.2.5　扭转

"滤镜"→"扭曲和变换"→"扭转"命令可通过围绕中心旋转来改变物体外形，在弹出的"扭转"对话框中"角度"后面可以输入相应的角度值，范围为 – 360°~360°，图 10 – 11 为使用不同的参数的结果。

90°　　　　　　　180°　　　　　　　270°　　　　　　　360°

图 10 – 11　扭转效果

10.2.6　波纹效果

执行"滤镜"→"扭曲和变换"→"波纹效果"命令时，对话框中的"大小"用来控制节点移动的程度，"每段隆起数"用来控制增加节点的数量，图 10 – 12 为使用不同的参数的结果。

平滑

大小：5%　　　　　大小：10%　　　　　大小：20%　　　　　大小：30%
隆起数：5　　　　　隆起数：10　　　　　隆起数：20　　　　　隆起数：30

尖锐

大小：5%　　　　　大小：10%　　　　　大小：20%　　　　　大小：30%
隆起数：5　　　　　隆起数：10　　　　　隆起数：20　　　　　隆起数：30

图 10 – 12　波纹效果

案例实训

10.3 装饰花朵创作

Illustrator 可以简化插画的操作，这令插画师能够得心应手、游刃有余地创作出色彩鲜艳、充满活力的插画，丰富插画的表现形式和层次。下面就 Illustrator 效果命令应用创作实例的效果来讲解。

（1）使用钢笔工具创建各种形状的花朵。

（2）对不同形状的花朵进行渐变和填充，如图 10 - 13 所示。

（3）选择要变形的矢量图形，执行"滤镜"→"扭曲和变换"展开命令中的各子项，如图 10 - 14 所示。

（4）执行"文件"→"打开"命令，打开第十章"线稿.ai"文件，如图 10 - 15 所示。

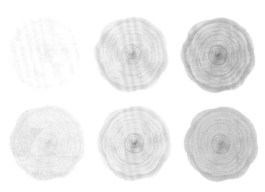

图 10 - 13　填充不同颜色

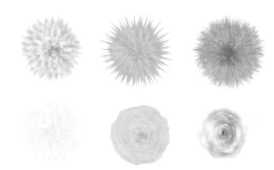

图 10 - 14　对花朵进行效果命令

图 10 - 15　花朵枝干

（5）将花朵按照疏密、大小的不同进行恰当的放置，先将小花朵放在底面左右两边，如图10－16所示。

（6）将比较大的鲜艳花朵放在顶部，如图10－17所示。

图10－16　左右两边添加花朵

（7）继续将花朵添加到其他枝干上并调整顺序，如图10－18所示。

（8）最后添加上黄花朵，如图10－19所示。

图10－17　顶部添加花朵

图10－18　添加并调整花朵顺序

图10－19　最终效果

第十一章 外观、样式与符号

本章主要讲解外观、样式和符号的使用方法。外观是对一个对象进行形状或边线调整，其结构并没有发生变化。样式是将外观的各属性集中起来，并将其保存。符号是可以重复使用并且不会增加整个文件大小的图形。

基础知识

11.1 外观

外观是指在不改变外观属性的前提下只改变物体的外观，其结构不会发生变化。如果对一个物体应用外观属性，然后编辑、删除外观属性，位于外观属性之下的物体并没有发生变化。

11.1.1 外观属性类型

外观属性包括填充、边线、透明度和效果。

填充：列出了填充属性，它包括类型、颜色、透明度和效果；

边线：列出了边线属性，它包括边线类型、笔刷、颜色、透明度和效果；

透明度：列出了透明度和混合模式；

效果：列出了效果菜单中的命令。

打开菜单"窗口"→"外观"（Shift + F6），查看和调整对象、组或图层的外观属性，如图 11 – 1 所示。

A. 具有描边、填色和投影效果的路径；

B. 具有效果的路径；

C. "添加新描边"按钮；

D. "添加新填色"按钮；

E. "添加效果"按钮；

F. "清除外观"按钮；

G. "复制所选项目"按钮。

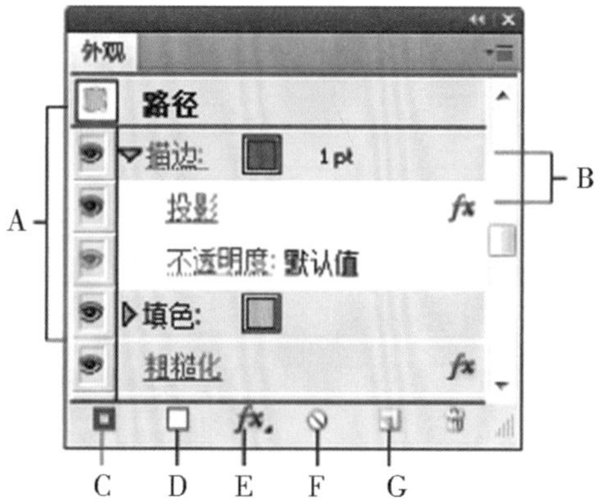

图 11 –1

11.1.2 制作外观效果图形

（1）在工具箱中选择六边形，绘制正六边形，填充颜色，如图 11 –2 所示。

（2）使正六边形处于被选中状态，点击"窗口"→"外观"打开外观面板，在面板下方单击"效果"→"扭曲和变换"→"收缩和膨胀",如图 11 - 3 所示。

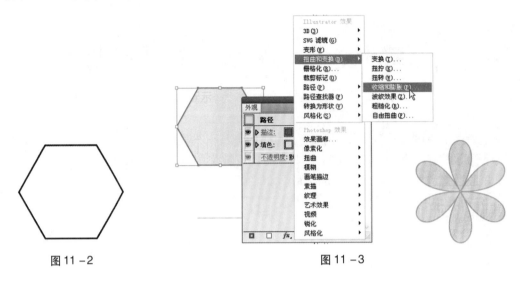

图 11 -2   图 11 -3

（3）在弹出的"收缩和膨胀"面板把"预览"选项勾选上，设置参数为 115%，如图 11 -4 所示效果。

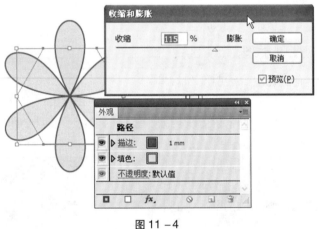

图 11 -4

（4）如果想恢复原来的多边形状，将外观面板中的效果选中移到垃圾桶即可删除，如图 11 -5 所示。

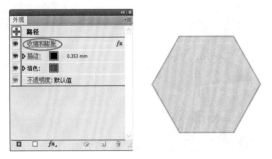

图 11 -5

（5）下图是多边形及应用外观属性后的对应图。

绘制六边形状

应用滤镜–扭曲和变换–收缩和膨胀效果

把效果删除，可恢复最初绘制的六边形的形状

图 11－6

11.2 图形样式

11.2.1 图形样式介绍

图形样式是一系列外观属性的集合，是外观属性保存的结果。样式调板可以对物体、组和 layers 调板存储并执行一系列的外观属性命令，这一特征可以快速而一致地改变文件中线稿的外观。如果一个样式被置换（组成样式的外观属性发生了变化），施加了该样式的所有物体都会发生相应的改变。

11.2.2 图形样式使用

（1）打开菜单"窗口"→"图形样式"（Shift + F6），查看和调用图形样式，如图11－7所示。

（2）选中创建的图形外观样式，单击"图形样式"面板中的"新建图形样式"按钮，如图 11－8 所示。

图 11－7

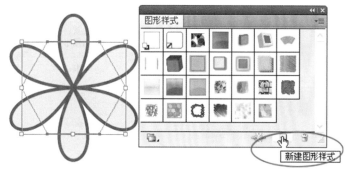
图 11－8

（3）也可以将创建的外观图形拖曳到"图形样式"面板缩略图中，设置的外观图形就保存在图形样式中，是可反复使用的外观属性，如图 11－9 所示。

（4）单击外观面板中的图形缩略图，使用鼠标拖曳到图形样式中，外观的图形就保存在图形样式中，如图 11－10 所示。

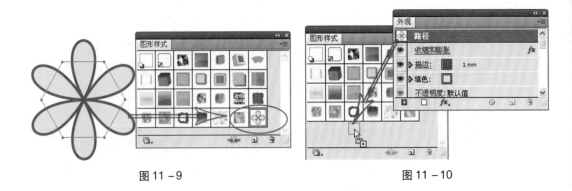

图 11 – 9 图 11 – 10

（5）Illustrator 自带了很多图形样式，如果想打开更多的图形样式图，在面板右上角单击菜单就可以打开，如图 11 – 11 所示。

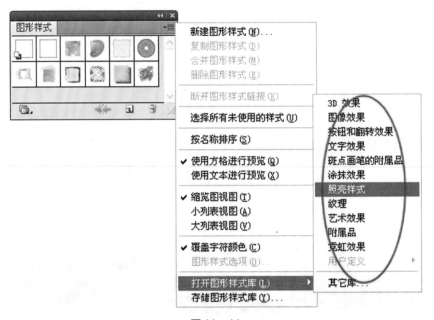

图 11 – 11

11.3　使用符号

11.3.1　符号介绍

符号是一种可以被重复使用并且不会增加文件大小的图形，这些图形被存放在符号控制面板中，所有被应用到文件中的符号图形被称为实例。

每个符号实例都链接到"符号"面板中的符号或符号库，使用符号可节省时间并明显减小文件的大小。

通过菜单"窗口"→"符号"（Ctrl + Shift + F11）就可以打开符号面板，查看和调用符号对象，如图 11 - 12 所示。

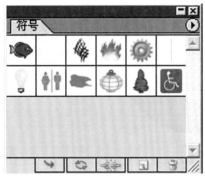

图 11 - 12

11.3.2 置入符号

选择"符号"面板或符号库中的符号。

（1）单击"符号"面板中的"置入符号实例"按钮，将实例置入画板中，如图11 - 13所示。

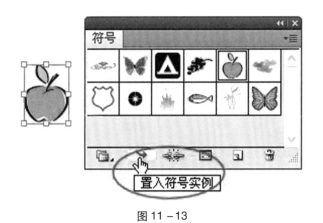

图 11 - 13

（2）单击"符号"面板中的符号拖动到您希望在画板上显示的位置，如图 11 - 14 所示。

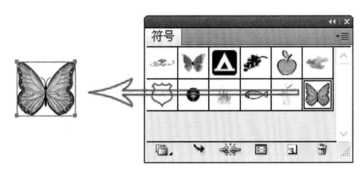

图 11 - 14

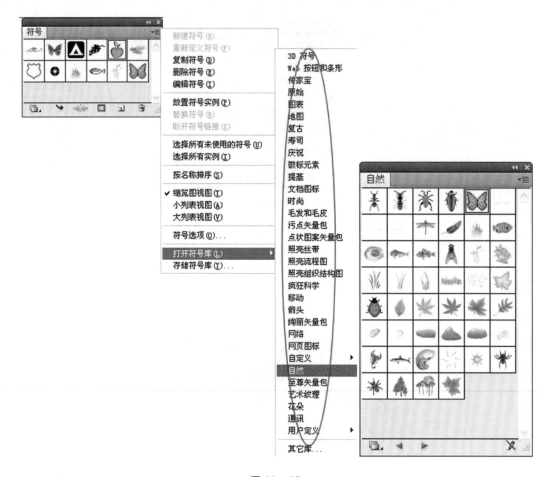

（3）Illustrator 自带了很多图形样式，如果想打开更多的图形样式图，在面板右上角单击菜单就可以打开，如图 11 - 15 所示，即为打开自带的"自然"类型符号。

图 11 - 15

注：在画板中的任何位置置入的单个符号（相对于仅存在于面板中的符号）称为实例。

11.3.3 符号工具组使用

单击工具面板的符号工具组会展开 8 组工具，如图 11 - 16所示。

符号喷枪工具 ：符号喷枪（Shift + S）就像一个粉雾喷枪，可一次将大量相同的对象添加到画板上。例如，使用符号喷枪可添加许许多多的草、树叶、野花、蜜蜂或雪花。使用方法：

（1）打开符号面板中自带"自然"类，分别选中"植物 1、植物 2、草地 1、草地 2、草地 3、草地 4"，然后选择符号喷枪工具，单击或拖动喷枪工具。切换不同类别草地喷绘时确保画面组处于选中状态，再使用喷枪工具，如图

图 11 - 16

11 – 17所示。

（2）继续选中"鱼类1、鱼类3、鲨鱼、贝壳"，使用符号喷枪工具喷绘，如图11 – 18所示。

图 11 – 17   图 11 – 18

（3）画面元素太多需要删除实例，首先令实例组处于选中状态，使用符号喷枪工具单击或拖动要删除的实例，同时按住 Alt 键（Windows）或 Option 键（Mac OS），不同实例需要在符号面板上对应，否则无法删除，如图 11 – 19 所示，删除"鱼类1"的部分内容。

（4）双击符号喷枪工具，在弹出的对话框中可以调整符号喷枪工具的应用数值。

符号紧缩器工具 ：单击符号可以令符号向收缩工具画笔的中心点方向紧缩（聚集而非缩小），选中符号组，使用符号紧缩器工具在部分水草前单击，水草向里紧缩。如果持续地按下鼠标，那么鼠标按下的时间越长，实例就会越紧密地聚集在一起，如图11 – 20 所示。

图 11 – 19   图 11 – 20

使画面中其他实例紧缩（疏散）在一起需要选择相应的符号，否则无法调整实例，因为它们保持各自的独立性，互不影响。

在单击的同时按住 Alt 键（Windows）或 Option 键（Mac OS），可以使收缩在一起的符号疏散开。

符号缩放器工具 ：可以调节符号的大小，画笔内的符号大小可以随意地进行调整。如对画面中的鱼类和水草进行缩放，得到效果如图 11 – 21 所示。值得注意的是，选择相应的实例进行缩放时在符号面板中也需要选中，否则缩放时无效。

在单击的同时按住 Alt 键（Windows）或 Option 键（Mac OS），可以缩小符号。

符号旋转器工具 ：通过拖动的方式改变符号的方向。先选中整组实例对象，在符号面板中选中符号，用符号旋转器工具单击贝壳并调整方向，对部分鱼类也进行旋转，如图 11 – 22所示。

图 11 –21

图 11 –22

精确调整时需要放大，鼠标对准箭头的三角形，然后进行方向调整，如图 11 – 23 所示。

符号着色器工具 ：可以改变符号的颜色。对实例着色趋于淡色更改色调，同时保留原始明度。着色时需要打开色板面板，确定合适的填充色，然后选择符号着色器工具，单击想要着色的鱼类和水草，这里选择的颜色就覆盖到了单击的原始符号组，如图 11 – 24 所示。

图 11 –23

图 11 –24

单击实例时按住 Alt 键（Windows）或 Option 键（Mac OS），减少着色量并显示更多原始符号颜色。

符号滤色器工具 ：可以改变符号的透明度，令符号出现透视效果，选中符号滤色器工具后单击后面的鱼类和水草，修改透明度，如图 11 – 25 所示。

符号位移器工具 ：通过拖动的方式可以将符号移动到新的位置。下面使用符号位移器工具对实例进行移动，在面板中选择贝壳，使用位移工具把它向上移动，同样对鱼类进行移动，如图 11 – 26 所示。

图 11 –25

图 11 –26

按住 Shift 键将符号实例前移一层，按住"Shift + Alt"键将符号实例后移一层。将贝壳向后移一层隐于水草后，将部分鱼类向水草后移动，如图 11 –27 所示。

图 11 –27

11.3.4 更新符号

在 Illustrator 中创作的任何作品都可以保存成一个符号，不论它包括的是绘制的元素、文本、图像还是以上元素的合成物，通过面板能够实现对符号的所有控制，用拖放的方式或者用新符号工具将新符号添加到作品中。无论是作微小的变动还是用完全不同的符号替代一个既存的符号，都可以通过符号面板的弹出菜单中的"重新定义符号"命令来更新。

每一个绘画中的符号案例都指向原始的符号，不仅容易对图形的变化进行管理，还可以保持文件所占的空间比较小。当重新定义一个符号时，所有用到此符号的子案例会自动更新，对于 Web 设计、技术图纸和地图等复杂的作品设计来说，这一功能能确保图案的一致性并且

提高工作效率。通过符号面板弹出菜单中的"编辑符号"命令可以更新符号，如图 11 – 28 所示。

图 11 –28

在符号面板中右上角菜单打开"编辑符号"命令，面板中符号进入可编辑模式，我们将小鱼方向进行调整，执行菜单"效果"→"扭曲和变换"→"波纹效果"命令，得到如图 11 –29 所示效果。

图 11 –29

Illustrator 也支持符号库，可以在多个文件之间共享符号。一个网页设计小组可以创建一个符号库，包含共有界面，如图标或公司商标。插画师绘制复杂的画面中有重复的元素时，可以选择创建插画符号的方式。地图系列的设计师可以使用符号代表标准和信息图标，如旅馆位置、超市或博物馆等，帮助创作组保持一致性并节省时间。

11.3.5　创建符号

选择要用作符号的图稿：
（1）单击"符号"面板中的"新建符号"按钮；
（2）将图稿拖动到"符号"面板中；
（3）从面板菜单中选择"新建符号"。

案例实训

11.4　外观创建装饰画

（1）在工具箱选中矩形工具并绘制矩形，点击菜单"窗口"→"外观"打开外观面板，设置填充为无颜色，描边为粉红色 M = 100，边框粗细为10pt，如图 11 –31 所示。

（2）复制描边得到描边 2，设置描边为粉红色 M = 90，边框粗细为 9pt，如图 11 – 32 所示。

图 11 –30

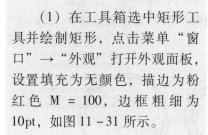

图 11 –31

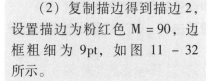

图 11 –32

（3）复制描边得到描边3，设置描边为粉红色 M = 80，边框粗细为 8pt，如图 11 – 33 所示。

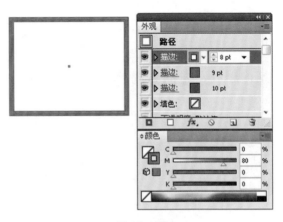

图 11 – 33

（4）复制描边得到描边4，设置描边为粉红色 M = 70，边框粗细为 7pt，如图 11 – 34 所示。

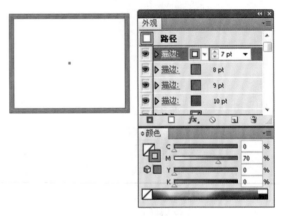

图 11 – 34

（5）以此类推，最小描边为粉红色 M = 0，边框粗细为 1pt，如图 11 – 35 所示。

图 11 – 35

（6）选择矩形，在外观面板下方单击效果按钮，选择 Illustrator "效果" → "风格化" → "外发光"，如图 11 - 36 所示。

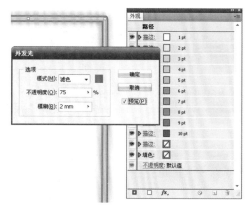
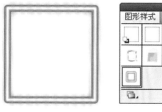
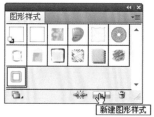

图 11 - 36

（7）打开图形样式，选中定义好的外观属性，单击图形样式右下角的"新建图形样式"按钮，即可定义在图形样式库里，如图 11 - 37 所示。

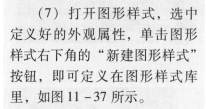

图 11 - 37

（8）打开本章节花朵造型，如图 11 - 38 所示。

（9）使用选择工具将路径选中，在图形样式面板单击定义好的外观属性样式即可得到如图 11 - 39 所示的效果。

图 11 - 38　　　　　图 11 - 39

（10）分别选中花朵和叶子并填充不同颜色，得到如图 11 - 40所示效果。

图 11 - 40　最终效果

11.5 符号创建CG画

下面通过已经创建的符号库，制作如图11－41所示效果。

（1）在新建文件上创建尺寸为325mm×245mm的矩形，填充为黑色。

（2）打开符号面板，在面板右上角菜单中选择"打开符号库"→"其他"，选中"怪兽符号"并打开，在新面板中复制一组符号，如图11－42所示。

（3）在符号面板中选中"渐变钉"符号并将其移动到黑色矩形框中，如图11－43所示。

（4）在工具箱中选中旋转工具，单击符号底部为旋转轴，在弹出的对话框中设置角度为－5度，如图11－44所示。单击复制得到新图形。

（5）连续按"Ctrl＋D"复制图形，点击"对象"→"群组"将渐变钉合成一组，在变换面板中设置旋转角度为90度，移到中间位置，得到如图11－45所示图形。

（6）选中"点光"符号，移到画面中，做倾斜状，如图11－46所示。

（7）将"怪兽"符号移到画面，调整其大小和位置，如图11－47所示。

图 11－41

图 11－42

图 11－43

图 11－44

图 11－45

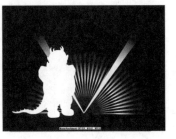

图 11－46

图 11－47

（8）在符号面板中将建筑物移动到怪兽前并调整大小，如图11-48所示。

图11-48　　　　　　　　　　图11-49

（9）在符号面板中将怪兽左手臂、左手、右手移到画面中，如图11-49所示。

（10）在符号面板中将不同云朵类型移动到画面中，设置其大小及前后顺序，如图11-50所示。

图11-50　　　　　　　　　　图11-51

（11）在符号面板中将不同飞机类型移动到画面中，设置其大小及前后顺序，如图11-51所示。

（12）在符号面板中将绿树移动到画面中，设置其大小及前后顺序，最终完稿如图11-52所示。

图11-52　最终完成稿

第十二章　综合实例

本章主要以综合实例进行讲解，复习巩固前面所学的基础知识，从而能够更深入地掌握各种工具、各项功能和特效的使用方法与操作技巧，随心所欲地创作出精美优秀的作品。

12.1　透明立体字

图 12 -1

步骤 1：

新建页面，使用椭圆工具并按住 Shift 键画三个正圆形，如图12 -2所示。

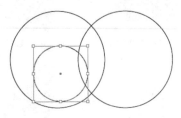

图 12 -2

步骤 2：

用选择工具框选全部图形并执行路径查找器中的"减去前面"命令，如图12 -3 所示，便可得出如图12 -4 所示效果。

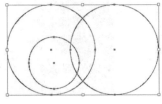

图 12 -3

步骤 3：

用椭圆工具画两个圆形，如图 12 -5 所示。

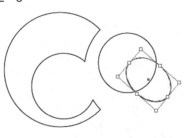

图 12 -4　　　　　　　图 12 -5

步骤4：

用选择工具框选这两个圆形并执行路径查找器中的"减去前面"命令，如图12-6所示效果。

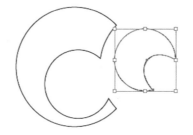

图12-6

步骤5：

使用旋转工具并按住 Alt 键在半圆的下端单击，在出现的对话框中设置旋转角度为-180度，并单击复制，如图12-7所示，便可得出如图12-8所示效果。

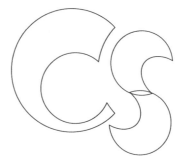

图12-7

步骤6：

用选择工具框选这两个半圆并执行路径查找器中的"联集"命令，如图12-9所示，便可得出如图12-10所示效果。

图12-8

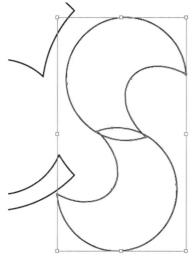

图12-9

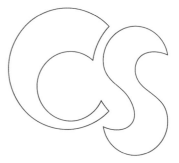

图12-10

步骤7：

用渐变工具将"CS"填充渐变颜色，边线设置为透明色，如图12-11所示效果。

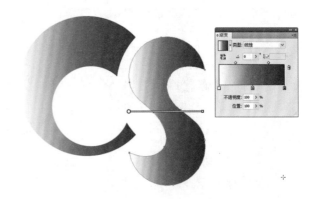

图 12-11

步骤8：

用矩形工具画一个蓝色的矩形，并执行"对象"→"排列"→"置于底层"命令，如图12-12所示。

图 12-12

步骤9：

用选择工具框选"CS"并执行"效果"→"风格化"→"内发光"命令，其设置模式为正常，颜色改为浅蓝色，不透明度为90%，模糊为3mm，选择"中心"按钮，如图12-13所示。

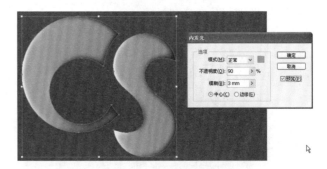

图 12-13

步骤10：

接着执行"效果"→"风格化"→"投影"命令，其设置模式为正片叠底，不透明度为90%，X位移为2.5mm，Y位移为2.5 mm，模糊为2mm，如图12-14所示。

图 12-14

步骤 11:

新建图层 2,将"CS"复制到图层 2 上,并隐藏图层 1,如图 12-15 所示。

图 12-15

步骤 12:

在菜单栏中将"窗口"→"外观"显示出来,分别选中"C"和"S",将外观调板里的"内发光"和"投影"拖到垃圾桶删掉,如图 12-16 所示,便可得出如图 12-17 所示效果。

图 12-16

步骤 13:

用选择工具选中"C"并按住 Alt 键复制四个,摆放成如图 12-18 所示位置。接着执行路径查找器中的"减去前面"命令,便可得出如图 12-19 所示效果。

图 12-17

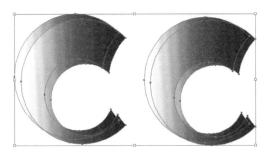

图 12-18

图 12-19

Illustrator
绘图 实例教程

步骤 14：

显示图层 1，将上个步骤剪切下来的图形填充白色并移到"C"上面，如图 12－20 所示。

步骤 15：

用选择工具选中左边白色部分，执行"效果"→"风格化"→"羽化"命令，设置半径为 1.2mm，如图 12－21 所示。

步骤 16：

用选择工具选中右边白色部分并执行"效果"→"风格化"→"羽化"命令，设置半径为 1.7mm，如图 12－22 所示。

步骤 17：

用步骤 13 的方法，选中"S"并按住 Alt 键复制四个，并如图 12－23 一样摆设。接着执行路径查找器中的"减去前面"命令，便可得出如图 12－24 所示效果。

步骤 18：

将剪切下来的图形填充成白色并移到"S"上面，如图 12－25 所示。

图 12－20

图 12－21

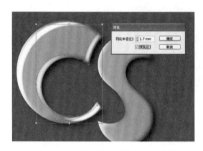
图 12－22

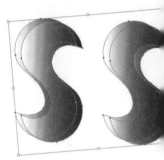
图 12－23

图 12－24

图 12－25

图 12 —26

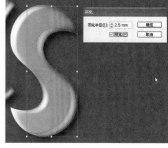

图 12 —27

步骤 19:

使用同步骤 15～16 一样的方法,分别对左边高光和右边反光部分执行羽化命令,如图 12 –26 和图 12 – 27 所示设置,便可得出如图 12 – 28 所示效果。

图 12 –28

步骤 20:

新建图层 3,选择矩形工具,按住 Shift 键画一个正方形,并填充渐变颜色,如图 12 – 29 所示。

步骤 21:

用选择工具将光标移至边界框外,按住 Shift 键向右旋转 45 度,如图 12 –30 所示。

图 12 –29

步骤 22:

执行“效果”→“风格化”→“内发光”命令,其设置模式为正常,颜色改为浅蓝色,不透明度为 80%,模糊为 15mm,选择“中心”按钮,如图 12 –31 所示。

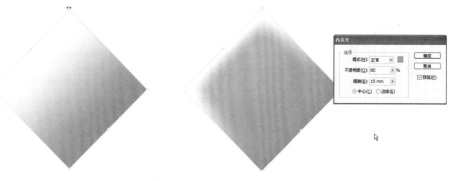

图 12 –30

图 12 –31

步骤 23：

执行"对象"→"变换"→"分别变换"命令，设置水平与垂直缩放为75%，旋转角度为180度，单击复制，如图 12 - 32 所示，便可得出完成效果如 12 - 33 所示图形。

步骤 24：

再次执行"对象"→"变换"→"分别变换"命令，设置水平与垂直缩放为95%，旋转角度为180度，单击复制，如图 12 - 34 所示，便可得出完成效果如 12 - 35 所示图形。

步骤 25：

再次执行"对象"→"变换"→"分别变换"命令，设置水平与垂直缩放为20%，旋转角度为90度，单击复制，如图 12 - 36 所示，便可得出完成效果如 12 - 37 所示图形。

步骤 26：

显示所有图层，新建图层4，将图层1中的蓝色矩形背景剪切、粘贴到图层4上，并将各层图形排列好，如图 12 - 38 所示效果。

步骤 27：

用选择工具选择"C"字，并将透明度调板上的不透明度调为 80%，如图 12 - 39 所示。

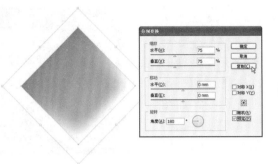

图 12 - 32   图 12 - 33

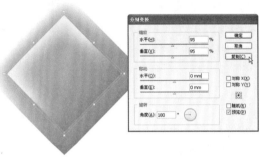

图 12 - 34   图 12 - 35

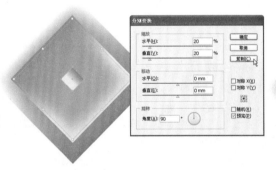

图 12 - 36   图 12 - 37

图 12 - 38   图 12 - 39

步骤28：

用上个步骤同样的方法，将"S"字不透明度调为75％，如图12-40所示。

最终完成效果如图12-41所示。

图12-40 图12-41

图12-42

12.2 卡通小猪猪

步骤1：

新建一个横向的A4页面，使用椭圆工具的同时按住Shift键画一个正圆形，并填充渐变颜色，如图12-43所示。

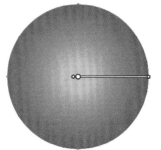

图12-43

步骤2：

按"Ctrl＋C"和"Ctrl＋F"复制一个圆形并粘贴在原来的圆形上面，给上面的圆形填充图案，该图案是位于色板调板中右边三角形按钮中的"色板库"→"图案"→"自然"→"自然动物皮"里的美洲虎皮，如图12-44所示。

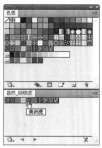

图12-44

步骤3：

使用缩放工具，按住 Alt 键单击中心点，在出现的对话框中设置等比比例缩放为 20%，勾选"图案"项，其他项不要勾选，点击确定，图案将缩小，如图 12 - 45 所示。

图 12 - 45

步骤4：

按"Shift + Ctrl + F10"打开透明调板，设置混合模式为正片叠底，不透明度为 15%，如图12 - 46 所示。

步骤5：

用钢笔工具勾画猪鼻子，并填充渐变颜色，如图 12 - 47 所示。

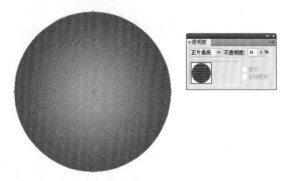

图 12 - 46

步骤6：

用钢笔工具勾画猪嘴，并填充渐变颜色，如图 12 - 48 所示。

步骤7：

按住 Alt 键复制一个猪嘴并改变渐变颜色，如图12 - 49 所示。

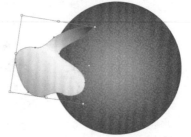

图 12 - 47

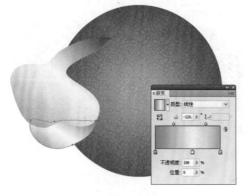

图 12 - 48

图 12 - 49

步骤 8：

按住 Alt 键再复制一个猪嘴并使其渐变颜色与前面两个不同，如图 12－50 所示。

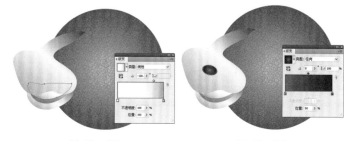

图 12－50　　　　　　　图 12－51

步骤 9：

用椭圆工具在猪鼻子上画一个椭圆形并填充渐变颜色，如图 12－51 所示。

步骤 10：

画小猪的眼睛。用椭圆工具按住 Shift 键画两个正圆形并填充渐变颜色，如图 12－52 所示。

图 12－52　　　　　　　图 12－53

步骤 11：

用钢笔工具勾画猪的头发，并填充渐变颜色，如图 12－53 所示。

步骤 12：

用钢笔工具勾画猪耳朵，并填充渐变颜色，如图 12－54 所示。

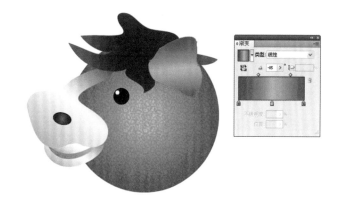

图 12－54

步骤 13：

执行"效果"→"风格化"→"内发光"命令，设置模式为正常，不透明度为 60%，模糊为 2mm，选择边缘按钮，点击确定，如图 12－55 所示。

图 2－55

步骤 14：

用钢笔工具勾画猪尾巴，并填充渐变颜色，如图 12 – 56 所示。

步骤 15：

用钢笔工具勾画猪的腿，并填充渐变颜色，如图 12 – 57 所示。

步骤 16：

用椭圆工具画一个椭圆并填充黑色，如图 12 – 58 所示。

步骤 17：

使用选择工具，按住 Alt 键复制两条腿并放好位置，框选全部并按 "Ctrl + G" 将小猪编组起来，如图 12 – 59 所示。

步骤 18：

使用选择工具，按住 Alt 键复制一只小猪，并将小猪的头发删掉，再用钢笔工具重新勾画小猪的头发，并填充渐变颜色，如图 12 – 60 所示。

步骤 19：

使用选择工具，按住 Alt 键复制两只小猪，并放好位置，如图 12 – 61 所示。

步骤 20：

用钢笔工具勾画猪的投影，并填充色彩，如图 12 – 62 所示。

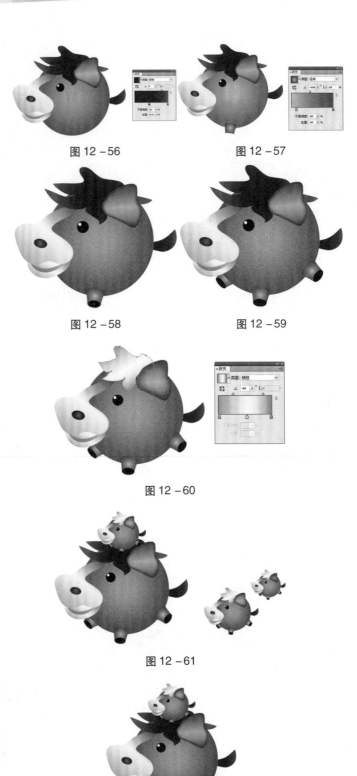

图 12 – 56　　　　图 12 – 57

图 12 – 58　　　　图 12 – 59

图 12 – 60

图 12 – 61

图 12 – 62

图 12 –63

步骤 21：

执行"效果"→"风格化"→"羽化"命令，设置羽化半径为10mm，如图12－63所示。

步骤 22：

用上面同样的方法绘制另外两只小猪的投影，如图12－64所示。

步骤 23：

用钢笔工具勾画两滴汗珠，并填充渐变颜色，如图12－65所示。

图 12 –64　　　　　图 12 –65

步骤 24：

新建图层2，并将图层2放在图层1的下面，用矩形工具画一个大小为297mm×210mm的矩形，并填充渐变颜色，如图12－66所示。

图 12 –66

步骤 25：

打开"窗口"→"符号库"→"徽标元素"，将"房子"拖到页面右上边，如图12－67所示。

图 12 –67

步骤 26：

打开透明调板，设置混合模式为明度，不透明度为100%，如图12－68所示。

图 12 –68

Illustrator 绘图实例教程

步骤 27：

使用符号喷枪工具，打开"窗口"→"符号库"→"自然"，绘制不同枫叶，如图 12-69 所示。

图 12-69

图 12-70

步骤 28：

用符号移位器工具和缩放器工具调好各枫叶的位置和大小，如图 12-70 所示。

图 12-71

步骤 29：

用矩形工具画一个跟页面一样大小（297mm × 210mm）的矩形，并选择枫叶图形执行"对象"→"剪切蒙版"→"建立"命令，如图 12-71 所示，便可得出如图 12-72 所示效果。

图 12-72　　　　　　图 12-73

步骤 30：

新建图层 3，用光晕工具画一个发光点，如图 12-73 所示。

最终完成效果如图 12-74 所示。

图 12-74

12.3 播放器设计

步骤1：

用钢笔工具勾画出如图12-76所示两个图形。

步骤2：

分别填充色彩，再执行"对象"→"混合"→"建立"命令，并设置指定的步数为50，如图12-77所示。

步骤3：

用椭圆工具画两个正圆形，并执行路径查找器中的"减去前面"命令，如图12-78所示，最后便可得出如图12-79所示效果。

图12-75

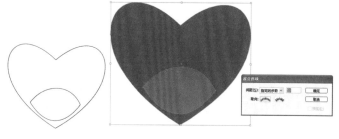

图12-76　　　　　　图12-77

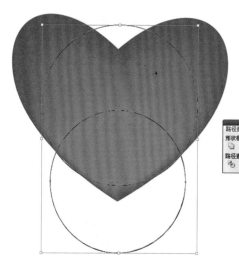

图12-78

图12-79

步骤 4：

用渐变工具填充如图 12-80 所示渐变色彩。

步骤 5：

执行"Ctrl + C"和"Ctrl + F"复制一个半圆，并将它缩小，再填充如图 12-81 所示渐变色彩。

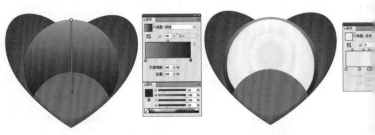

图 12-80　　　　　　　　图 12-81

步骤 6：

在左上角用钢笔工具勾画图形并填充色彩，如图 12-82 所示。

步骤 7：

执行"效果"→"风格化"→"羽化"命令，羽化半径为 5mm，如图 12-83 所示。

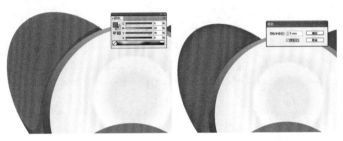

图 12-82　　　　　　　　图 12-83

步骤 8：

用钢笔工具勾画图形并填充色彩，如图 12-84 所示。

步骤 9：

执行"效果"→"风格化"→"羽化"命令，羽化半径为 2mm，如图 12-85 所示。

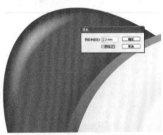

图 12-84　　　　　　　　图 12-85

步骤 10：

在右上角用钢笔工具勾画图形并填充色彩，如图 12-86 所示。

步骤 11：

执行"效果"→"风格化"→"羽化"命令，羽化半径为 2mm，如图 12-87 所示。

图 12-86　　　　　　　　图 12-87

步骤12：

用钢笔工具勾画图形并填充渐变颜色，如图 12 – 88 所示。

图 12 –88　　　　　　　　图 12 –89

步骤13：

执行"效果"→"风格化"→"羽化"命令，羽化半径为3mm，如图12 –89 所示。

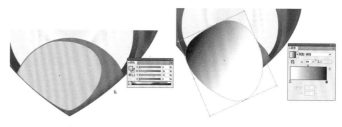

图 12 –90　　　　　　　　图 12 –91

步骤14：

用钢笔工具勾画图形并填充色彩，如图 12 –90 所示。

步骤15：

用钢笔工具勾画图形并填充渐变颜色，如图 12 – 91 所示。

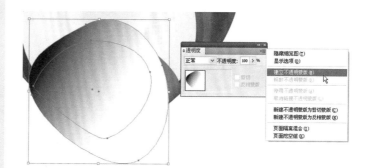

图 12 –92

步骤16：

用选择工具选取这两个图形，点击"透明度调板"右边小三角形下拉菜单中的"建立不透明蒙版"，如图12 –92 所示。再将透明度调板中100%的不透明度调为50%，并勾选"反相蒙版"，便可得出如图 12 –93 所示效果。

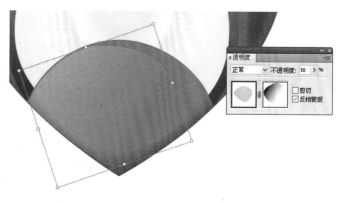

图 12 –93

步骤 17：

用钢笔工具勾画图形并填充色彩，如图 12 - 94 所示。

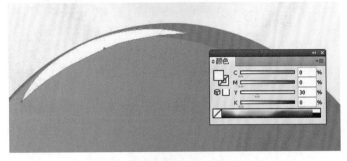

图 12 - 94

步骤 18：

执行"效果"→"风格化"→"羽化"命令，羽化半径为 1mm，如图 12 - 95 所示。

图 12 - 95

步骤 19：

用钢笔工具勾画图形并填充渐变颜色，如图 12 - 96 所示。

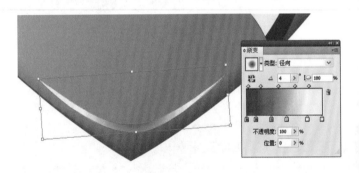

图 12 - 96

步骤 20：

执行"效果"→"风格化"→"羽化"命令，羽化半径为 0.5mm，如图 12 - 97 所示。

步骤 21：

执行"效果"→"模糊"→"高斯模糊"命令，半径为 2.5 像素，如图 12 - 98 所示。

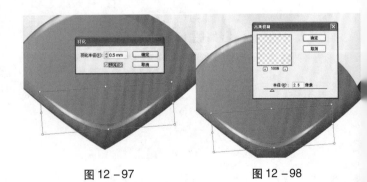

图 12 - 97   图 12 - 98

步骤22：

用钢笔工具勾画图形并填充颜色，如图12-99所示。

步骤23：

执行"效果"→"风格化"→"羽化"命令，羽化半径为2mm，如图12-100所示。

步骤24：

用钢笔工具勾画图形并填充颜色，如图12-101所示。

步骤25：

执行"效果"→"风格化"→"羽化"命令，羽化半径为2mm，如图12-102所示。再将透明度调板中的不透明度调为30%，如图12-103所示效果。

步骤26：

用钢笔工具勾画图形并填充白色，再将透明度调板中的不透明度调为30%，如图12-104所示效果。目前整体效果如图12-105所示。

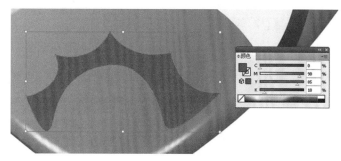

图12-99

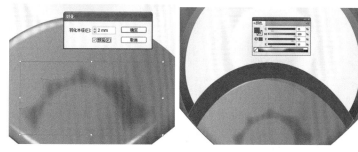

图12-100 　　　　　 图12-101

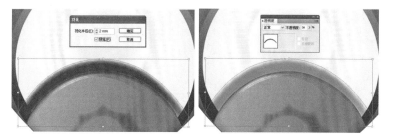

图12-102 　　　　　 图12-103

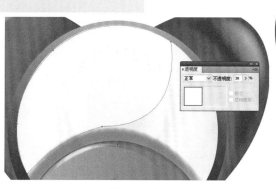

图12-104

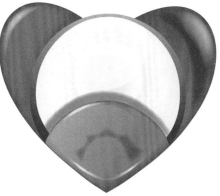

图12-105

步骤27：

制作音乐起伏。用矩形工具画一个矩形并填充色彩，如图12 – 106所示。

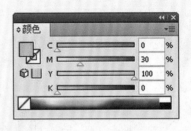

图 12 – 106

步骤28：

使用选择工具，按住"Alt + Shift"键向下垂直移动复制一个矩形，如图12 – 107所示。

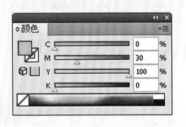

图 12 – 107

步骤29：

按"Ctrl + D"键六次复制六个矩形，结果如图12 – 108所示。

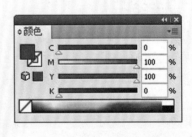

图 12 – 108

步骤 30:

用选择工具框选这八个矩形，按住"Alt + Shift"键向右平行移动复制一排矩形，如图 12 – 109 所示。

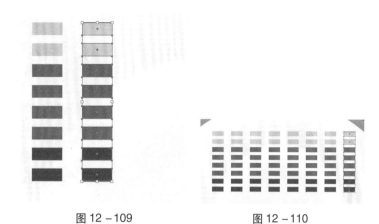

图 12 – 109　　　　　　图 12 – 110

步骤 31:

按 Ctrl + D 键六次复制六排矩形，结果如图 12 – 110 所示。

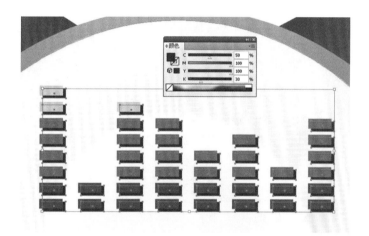

图 12 – 111

步骤 32:

用选择工具框选全部矩形，执行编组按"Ctrl + G"键，再按住 Alt 键复制一层矩形并填充深红色放在原矩形的下面，错开位置作为投影，如图 12 – 111 所示效果。整体效果如图 12 – 112 所示。

图 12 – 112

步骤 33：

制作按钮。用椭圆工具画一个正圆形并填充色彩，如图 12–113 所示。

图 12–113

步骤 34：

使用选择工具，按住 Alt 键复制一个圆形并填充渐变颜色，如图 12–114 所示。

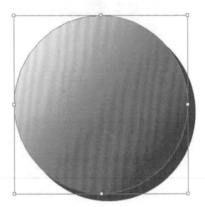

步骤 35：

用多边形工具画一个三角形并填充白色，如图 12–115 所示。

图 12–114

步骤 36：

用钢笔工具画一个不规则图形并填充色彩，不透明度设置为35%，如图 12–116 所示。

图 12–115

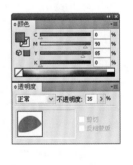

图 12–116

步骤 37：

用钢笔工具画一个不规则图形并填充渐变颜色，如图 12 –117 所示。

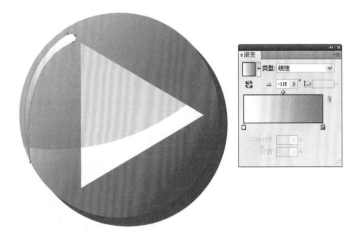

步骤 38：

用椭圆工具画两个正圆形并填充白色，如图12 –118所示。

图 12 –117

图 12 –118

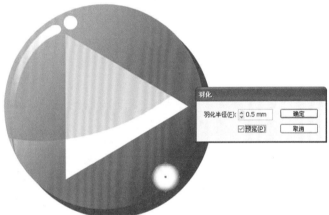

图 12 –119

步骤 39：

对右下角的小正圆形执行"效果"→"风格化"→"羽化"命令，羽化半径为 0.5mm，如图 12 – 119 所示。再将透明度调板中的不透明度调为 60%，结果如图12 –120所示。

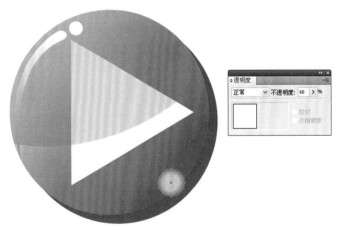

图 12 –120

步骤 40：

复制四个按钮，并修改中间的符号，便可得出如图 12－121 所示效果。

图 12－121　　　　　图 12－122

步骤 41：

用选择工具将这五个按钮分别编组后移到播放器下面，并分别放好位置，如图 12－122 所示。

图 12－123

步骤 42：

制作音量滑块。用钢笔工具勾画图形并填充色彩，如图 12－123 所示。

步骤 43：

用钢笔工具勾画图形并填充渐变颜色，如图 12－124 所示。

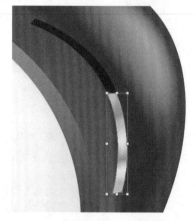

图 12－124

步骤 44：

用矩形工具画调节音量大小的"＋"号和"－"号，并分别放在滑块的上面和下面，如图 12－125、12－126 所示。

图 12－125　　　　　图 12－126

步骤 45：

制作调节音量大小的按钮。用钢笔工具画两个图形并填充颜色，接着执行"对象"→"混合"→"建立"命令，设置指定的步数为20，如图12－127所示。

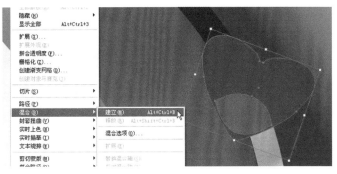

图 12－127

步骤 46：

用椭圆工具和钢笔工具画反光部分图形并填充白色，如图12－128所示。

目前整体效果如图12－129所示。

图 12－128 　　　　　 图 12－129

步骤 47：

在播放器的左边用矩形工具画如图12－130所示符号并填充白色。

图 12－130 　　　　　 图 12－131

步骤 48：

用选择工具框选图形中的三个符号，按住 Alt 键复制一层，放在原图形下面作为投影，移动位置并填充深红色，如图12－131所示效果。

步骤 49：

用文字工具输入"play"英文，设置字体为方正胖娃简体，颜色为白色，大小为15pt，如图12－132所示。

图 12－132

步骤 50：

接着执行"文字"→"创建轮廓"命令，将文字图形化，如图 12-133 所示。

图 12-133　　　　　　　图 12-134

步骤 51：

用选择工具框选"play"，按住 Alt 键复制一次，放在原图形下面作为投影，移动位置并填充深红色，如图 12-134 所示效果。

图 12-135

步骤 52：

在表示音乐起伏的矩阵图下面，用文字工具输入"01：28"文字，字体为 Arial - Bold，颜色为绿色，大小为 15pt，如图 12-135 所示。

图 12-136

步骤 53：

执行"文字"→"创建轮廓"命令，将文字图形化，如图 12-136 所示。

步骤 54：

用选择工具框选全部图形，执行"对象"→"编组"命令，如图 12-137 所示。

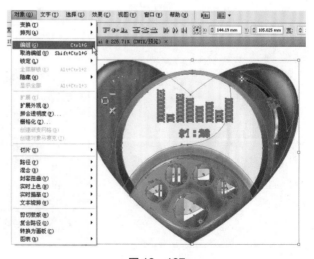

图 12-137

目前整体效果如图 12 – 138 所示。

图 12 – 138

步骤 55:

制作播放器的阴影。用椭圆工具画两个椭圆,里面椭圆填充色彩为 K = 20,外面椭圆填充白色,接着执行"对象"→"混合"→"建立"命令,设置指定的步数为 20,如图 12 – 139 所示,结果如图 12 – 140 所示。

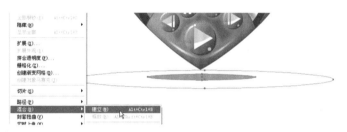

图 12 – 139

图 12 – 140

步骤 56:

用矩形工具画一个色彩为 K = 20 的矩形,并按"Shift + Ctrl + ["键将矩形放在最下面,如图 12 – 141 所示。

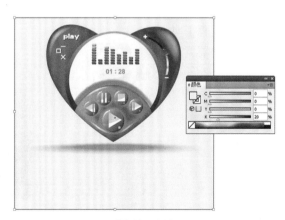

图 12 – 141

步骤 57：

制作播放器的投影。选择整个播放器，使用镜像工具，按住 Alt 键在投影中间单击，在出现的对话框中选择水平，并按复制，如图 12 – 142 所示，最终结果如图 12 – 143 所示。

图 12 – 142

图 12 – 143

步骤 58：

用矩形工具画一个矩形覆盖在播放器上，并填充黑白渐变颜色，如图 12 – 144 所示。

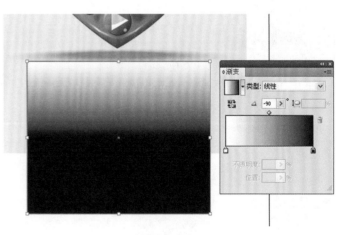

图 12 – 144

步骤 59：

用选择工具框选这两个图形，并点击透明度调板右边小三角形下拉菜单中的"建立不透明蒙版"，如图12-145所示，并将不透明度改为60%，勾选"剪切"按钮。如图 12-146 所示。

图 12-145

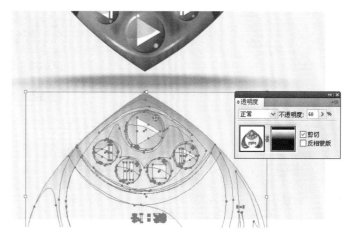

图 12-146

最终完成效果如图12-147所示。

图 12-147

12.4 动画片海报设计

图 12 –148

步骤 1：

新建页面，大小为210mm×285mm，出血为 3mm，如图12 –149 所示。

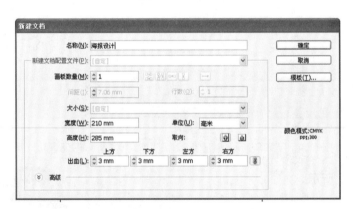

图 12 –149

步骤 2：

用矩形工具画大小为216mm×291mm 的矩形，填充色彩并放好位置，如图12 –150所示。

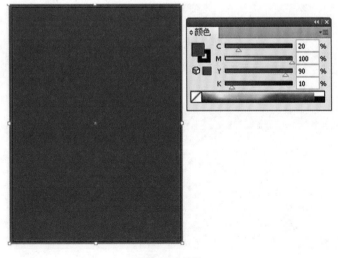

图 12 –150

步骤3：

使用椭圆工具，按住 Shift 键画正圆形，并填充渐变颜色，如图 12 – 151 所示。

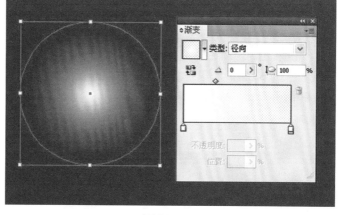

图 12 – 151

步骤4：

使用选择工具，按住 Alt 键复制多个渐变圆形，将其缩小并摆放好，如图 12 – 152 所示。

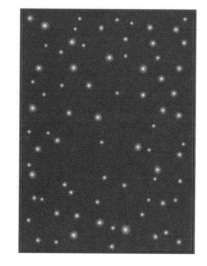

图 12 – 152

步骤5：

新建图层2，用钢笔工具画小动物的身体部分，填充色彩为 Y = 100，描边色为 M = 50、Y = 100，粗细为 4pt，如图 12 – 153 所示。

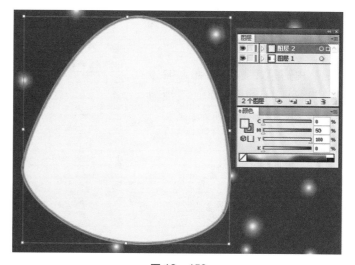

图 12 – 153

步骤6：

用钢笔工具画手部图形，填充色彩和上个步骤一样，描边粗细为 2pt，如图 12 – 154 所示。

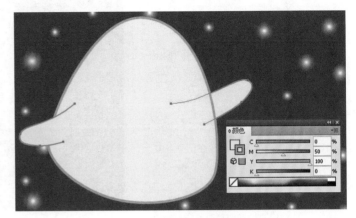

图 12 –154

步骤7：

用钢笔工具画脚部图形，填充色彩和描边粗细与手部图形一致，如图 12 –155 所示。

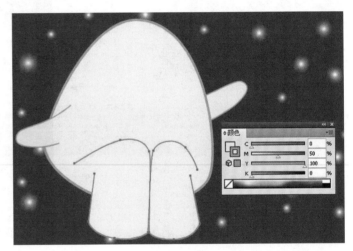

图 12 –155

步骤8：

用钢笔工具画嘴部，描边色为 M = 100、Y = 100，粗细为 2pt，如图 12 –156 所示。

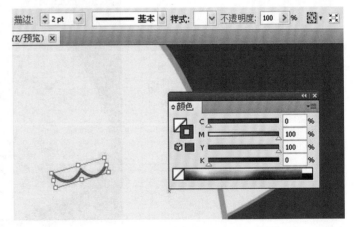

图 12 –156

步骤9：

用椭圆工具和钢笔工具画头部触角，如图 12 – 157 所示。

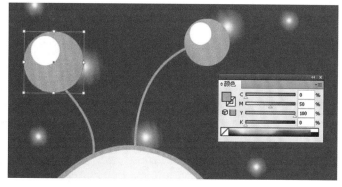

图 12 – 157

步骤10：

用钢笔工具勾画眼镜边框，如图 12 – 158 所示。

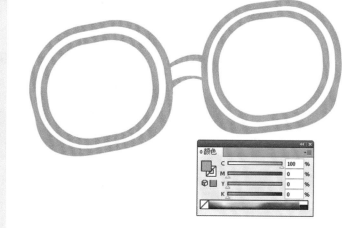

图 12 – 158

步骤11：

用钢笔工具勾画镜片及反光部分，如图 12 – 159 所示。

步骤12：

将眼镜摆放好位置，目前小动物整体效果如图 12 – 160 所示。

图 12 – 159

图 12 – 160

步骤 13：

新建图层 3，用文字工具输入"DIACO"文字，字体为 Lard，大小为 80pt，如图 12－161 所示。

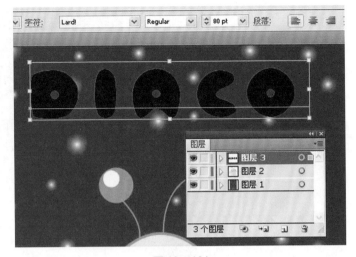

图 12－161

步骤 14：

执行"文字"→"建立轮廓"命令，将文字图形化，如图 12－162 所示。

图 12－162

步骤 15：

制作文字填充的色彩。用矩形工具按住 Shift 键画正方形，填充色彩为 C = 30、Y = 90，如图 12－163 所示。

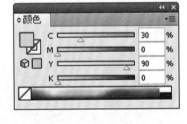

图 12－163

步骤 16：

用钢笔工具勾画小图形，填充深绿色，复制多个并摆放好，接着用选择工具框选全部图形并将其拖到色板上面，如图 12－164 所示。

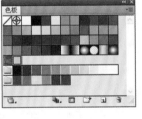

图 12－164

步骤 17：

复制四个图形，将它们设置为不同的填充色彩，并分别拖到色板上面，如图 12 – 165 所示。

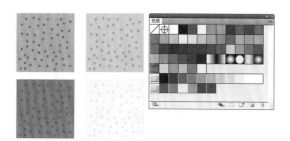

图 12 – 165

步骤 18：

用选择工具选择文字，填充刚才制作好的背景，如图 12 – 166 所示。

图 12 – 166

图 12 – 167

步骤 19：

将文字描边粗细改为 8pt，并填充不同色彩，如图 12 – 167 所示。

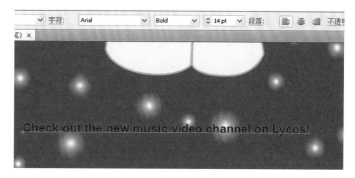

图 12 – 168

步骤 20：

用文字工具在下面输入文字，字体为 Arial – Bold，大小为 14pt，如图 12 – 168 所示。

最终完成效果如图 12 – 169 所示。

图 12 – 169

图 12 –170

12.5　香水广告设计

步骤 1：

新建页面，用钢笔工具画瓶盖正面图形，并填充渐变颜色，如图 12 –171 所示。

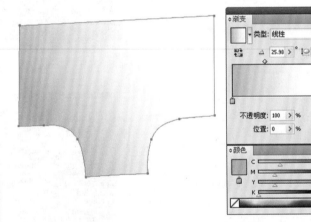

图 12 –171

步骤 2：

用钢笔工具画瓶盖半侧面矩形，并填充色彩为 K =90，如图 12 –172 所示。

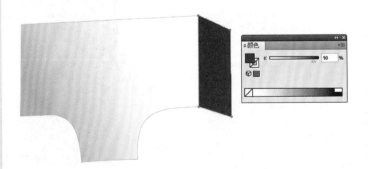

图 12 –172

步骤3：

用钢笔工具画瓶盖半侧面下方，并填充渐变颜色，如图12-173所示。

图12-173

步骤4：

使用椭圆工具，按住 Shift 键在瓶盖正面画一个正圆形，并填充渐变颜色 C = 40、M = 30、Y = 30，描边色为 K = 50，粗细为0.25pt，如图12-174所示。

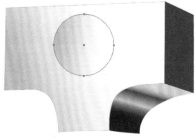
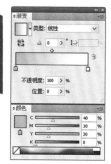

图12-174

步骤5：

同样用椭圆工具，按住 Shift 键画正圆形，并填充色彩为 C = 40、M = 30、Y = 30，描边色为 K = 50，粗细为0.25pt，如图12-175所示。

图12-175

步骤6：

用钢笔工具画阴影部分，并填充黑色，如图 12-176 所示。

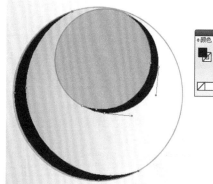

图12-176

步骤 7：

用钢笔工具制作瓶盖颈部，并填充渐变颜色，如图 12－177 所示。

步骤 8：

用钢笔工具画图形，并填充黑色，如图 12－178 所示。

步骤 9：

用钢笔工具画图形，并填充渐变颜色，如图 12－179 所示。

步骤 10：

用钢笔工具画图形，并填充渐变颜色，如图 12－180 所示。

步骤 11：

用钢笔工具画瓶盖半侧面装饰部分，并填充白色，不透明度为 50%，如图 12－181 所示。

目前香水瓶盖整体效果如图12－182所示。

步骤 12：

接下来绘制香水瓶身体部分。用钢笔工具画图形，并填充渐变颜色，如图 12－183 所示。

步骤 13：

用钢笔工具画瓶颈与瓶身连接部分图形，并填充黑色，如图 12－184 所示。

图 12－177   图 12－178

图 12－179   图 12－180

图 12－181   图 12－182

图 12－183

图 12－184

步骤 14：

绘制香水瓶身右边的立体效果。用钢笔工具画右边半侧面，并填充色彩为 M = 100、K = 50，如图 12 – 185 所示。

步骤 15：

接着用钢笔工具画瓶身右边正面的暗部图形，并填充色彩为 C = 80、M = 100、Y = 100、K = 15，如图 12 – 186 所示。

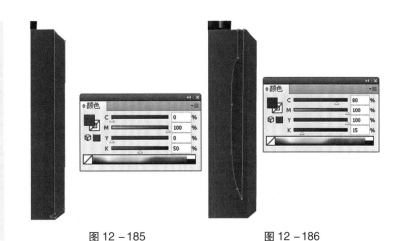

图 12 – 185　　　　图 12 – 186

步骤 16：

用钢笔工具画瓶身右边正面的亮部图形，并填充色彩为 C = 35、M = 100、Y = 35、K = 10，如图 12 – 187 所示。

步骤 17：

用钢笔工具画另一块亮部图形，并填充色彩为 C = 35、M = 100、Y = 35、K = 10，如图 12 – 188 所示。

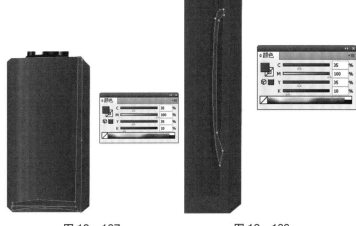

图 12 – 187　　　　图 12 – 188

步骤 18：

绘制香水瓶身左边的立体效果。用钢笔工具画图形，并填充色彩为 C = 35、M = 100，如图 12 – 189 所示。

步骤 19：

用钢笔工具画左边的暗部图形，并填充色彩为 C = 35、M = 100、K = 50，如图 12 – 190 所示。

图 12 – 189　　　　图 12 – 190

步骤20：

用钢笔工具画瓶身左边的亮部图形，并填充色彩为 C = 10、M = 100，如图 12 – 191 所示。

图 12 – 191

步骤21：

用钢笔工具画瓶底暗部图形，并填充色彩为 C = 40、M = 100、Y = 50，如图 12 – 192 所示。

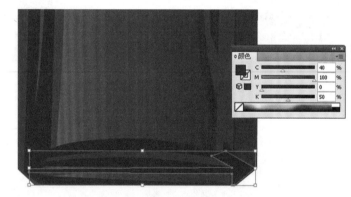

图 12 – 192

步骤22：

用钢笔工具画瓶身上面的反光图形，并填充白色，不透明度设为 30%，如图 12 – 193 所示。

图 12 – 193

目前香水瓶整体效果如图12－194所示。

图 12－194

步骤23：

绘制装饰小花。用钢笔工具画两片花瓣，并填充不同颜色，执行"对象"→"混合"→"建立"命令，设置指定的步数为20，如图12－195所示。

图 12－195

步骤24：

接着用同样的方法绘制另外的花瓣和花蕊，结果如图12－196和图12－197所示。

图 12－196　　　　　　　　　图 12－197

步骤25：

使用选择工具，按住 Alt 键复制多朵小花，并将其缩小放好位置，再用编组选择工具将花瓣设置为不同的色彩，如图12－198所示。

图12－198

步骤26：

绘制背景。用矩形工具画一个矩形并填充渐变颜色，并将其放到最下面，如图12－199所示。

图12－199

步骤27：

制作投影。用选择工具点选香水瓶与小花，用镜像工具在适合位置上单击，在出现的对话框中选择"水平"，按复制，如图12－200所示。

图12－200

步骤 28：

将投影部分的香水瓶与小花的不透明度设置为 20%，如图 12 –201 所示。

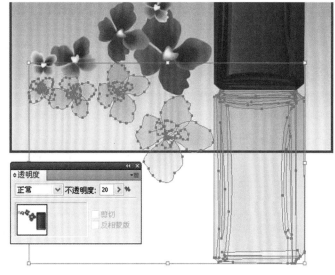

图 12 –201

步骤 29：

用矩形工具画一个黑色边框矩形，使其底边与背景底边重叠，执行"对象"→"剪切蒙版"→"建立"命令，如图 12 – 202 所示，结果如图 12 –203 所示。

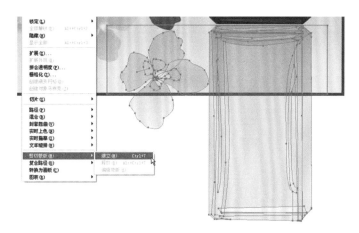

图 12 –202

图 12 –203

步骤30：

用文字工具输入白色标题字"ENTERILY"，字体为 Adobe Caslon Pro，大小为60pt，如图12－204所示。

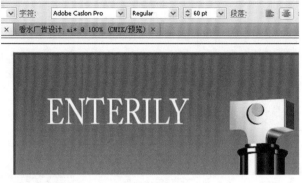

图12－204

步骤31：

用文字工具输入白色文字，字体为 Adobe Caslon Pro，大小为12pt，如图12－205所示。

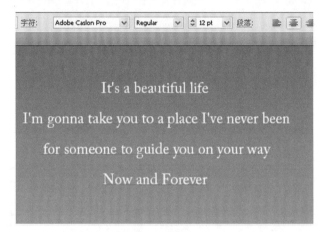

图12－205

最终完成整体效果如图12－206所示。

图12－206

参考文献

1. ［美］Adobe 公司著. Adobe Illustrator CS4 中文版经典教程. 张海燕译. 北京：人民邮电出版社，2011.

2. 李金荣，李金明. Illustrator CS 影像设计白金教程. 北京：中国电力出版社，2005.

3. 周婷婷，唐倩，黄莉. Illustrator 创意绘图与典型设计 120 例. 北京：电子工业出版社，2009.

4. ［美］斯得渥. The Adobe Illustrator CS Wow! Book. 刘浩译. 北京：中国青年出版社，2003.